玩转电子设计系列丛书

玩转电子设计

基于 Altium Designer 的 PCB 设计实例

（移动视频版）

刘波　安新周　金耀花　韩涛　编著

电子工业出版社
Publishing House of Electronics Industry
北京•BEIJING

内 容 简 介

本书主要介绍使用 Altium Designer 进行 PCB 设计的方法。本书内容主要涉及 Altium Designer 软件的基础操作、元件库绘制、原理图绘制、PCB 绘制和文件输出。书中完整介绍了 5 个利用 Altium Designer 软件进行设计的 PCB 实例，包括 51 单片机最小系统 PCB 绘制、PIC 单片机最小系统 PCB 绘制、ATMEGA 单片机最小系统 PCB 绘制、电源电路 PCB 绘制和多功能开发板 PCB 绘制。读者可以在熟悉 Altium Designer 软件操作的同时体会 PCB 设计思路，为自己设计 PCB 打下基础。

本书适合对 PCB 设计感兴趣或参加电子设计竞赛的人员阅读，也可作为高等院校相关专业和职业培训的实验用书。

图书在版编目（CIP）数据

玩转电子设计：基于 Altium Designer 的 PCB 设计实例：移动视频版 / 刘波等编著. —北京：电子工业出版社，2022.5

ISBN 978-7-121-43446-4

Ⅰ. ①玩… Ⅱ. ①刘… Ⅲ. ①电子电路—计算机辅助设计—应用软件 Ⅳ. ①TN702

中国版本图书馆 CIP 数据核字（2022）第 078572 号

责任编辑：李　洁　　　　特约编辑：田学清
印　　刷：北京七彩京通数码快印有限公司
装　　订：北京七彩京通数码快印有限公司
出版发行：电子工业出版社
　　　　　北京市海淀区万寿路 173 信箱　　　邮编　100036
开　　本：787×1 092　　1/16　　印张：16　　字数：333 千字
版　　次：2022 年 5 月第 1 版
印　　次：2024 年 7 月第 4 次印刷
定　　价：75.00 元

<<<<< PREFACE

  Altium Designer 作为当今最优秀的电路设计软件之一，以其界面形象直观、操作方便、分析功能强大、易学易用等特点，深受广大电子设计工作者的喜爱。并且许多院校已将 Altium Designer 软件作为电子类课程和教学实验的重要辅助工具。本书主要介绍使用 Altium Designer 进行 PCB 设计的方法。

  本书共 6 章，第 1 章介绍 EDA 软件 Altium Designer 及其使用方法，使读者对 Altium Designer 有一个整体的认知；第 2~6 章主要讲解机器人 PCB 实例的设计，包含 51 单片机最小系统 PCB 绘制、PIC 单片机最小系统 PCB 绘制、ATMEGA 单片机最小系统 PCB 绘制、电源电路 PCB 绘制和多功能开发板 PCB 绘制，每一章均完整包含整体设计、元件库绘制、原理图绘制和 PCB 绘制等详细过程，从而保证每一章机器人 PCB 实例的完整性。

  "玩转电子设计"系列丛书将会引领读者多方面、多角度地进行电子设计。本书是"玩转电子设计"系列丛书之一，是对《用 Proteus 可视化设计玩转 Arduino》和《用 Multisim 玩转电路仿真》的有力补充。《用 Proteus 可视化设计玩转 Arduino》以模块化的形式搭建仿真电路，《用 Multisim 玩转电路仿真》使用具体的元件搭建电路，而本书则将原理图生成 PCB。

  本书取材广泛、内容新颖、实用性强，可作为 PCB 设计的入门级教程，对零基础的读者起到抛砖引玉的作用。本书的每个实例都配有二维码，读者只需扫描二维码，即可观看相关视频。本书使用的元件符号均为 Altium Designer 软件中的自带符号，因此与当前最新符号相比略有不同。学习本书可以有两种方式：①按照本书的章节顺序学习，学习完一章，绘制完一个 PCB 实例；②对于有一定基础的读者，可以先将书中用到的元件统一绘制出来，再逐个练习 PCB 实例的绘制。

  本书的顺利完稿离不开广大朋友的支持与帮助。首先，感谢李洁编辑在构思"玩转电子设计"系列丛书和编著本书的过程中提供的帮助；其次，感谢同窗好友刘强、刘敬、韩涛、欧阳育星对本书提出的宝贵建议；最后，感谢金霞在 PCB 技术方面提供的技术支持。当然，更需要感谢我的家人，谢谢他们给予的支持与帮助。

　　由于作者水平有限，加之时间仓促，书中难免有疏漏和不足之处，敬请读者批评指正。如果发现问题及错误，请与作者联系（刘波：1422407797@qq.com）。为了更好地向读者提供服务，以及方便广大电子爱好者进行交流，读者可以加入技术交流 QQ 群（玩转机器人&电子设计：211503389），也可以关注本书作者抖音账号（feizhumingzuojia），作者将不定期进行直播答疑及电路仿真知识分享。

编著者

2022 年 1 月

<<<<< CONTENTS

第 4 章　ATMEGA 单片机最小系统 PCB 绘制

第 5 章　电源电路 PCB 绘制

第 6 章 多功能开发板 PCB 绘制

参考文献

第 1 章 Altium Designer 基础操作

1.1 由直插式元件组成的电路 PCB 绘制

单击  图标，启动 Altium Designer 软件，启动界面如图 1-1-1 所示。Altium Designer 软件启动完毕后，其主窗口如图 1-1-2 所示。

图 1-1-1 启动界面

图 1-1-2 Altium Designer 的主窗口

执行 File → New → Project... 命令，弹出 "Create Project" 对话框，Project Type 选择 "PCB" 子菜单下的 "<Empty>"，将 Project Name 命名为 "DIP"，Folder 存储路径选择 "G:\book\玩转电子设计\Altium Designer\project\1\1.1"，如图 1-1-3 所示。

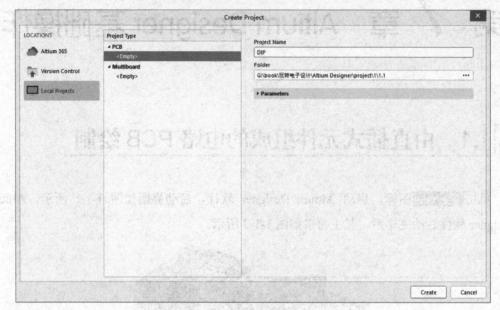

图 1-1-3 "Create Project" 对话框

单击 "Create Project" 对话框中的 Create 按钮，即可完成新建工程项目，"Projects" 窗格中出现 "DIP.PrjPcb"，如图 1-1-4 所示。

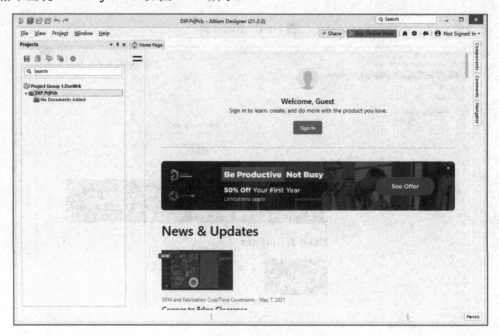

图 1-1-4 工程项目新建完毕

右击新建工程项目，弹出快捷菜单，选择 Add New to Project → 🖼 Schematic 选项，如图 1-1-5 所示。执行完毕后，即可在主窗口中加入原理图图纸，如图 1-1-6 所示。

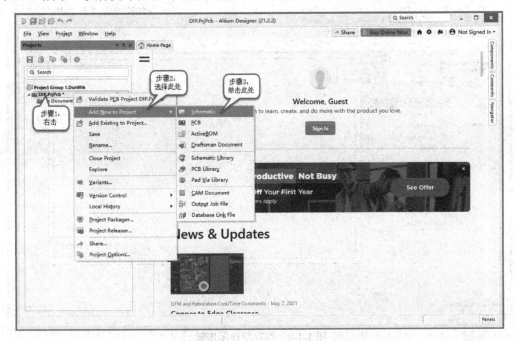

图 1-1-5　新建原理图的执行步骤

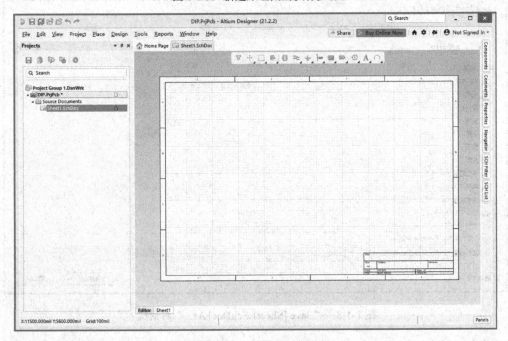

图 1-1-6　加入原理图图纸后

右击🖼 Sheet1.SchDoc 目录，弹出快捷菜单，选择其中的 💾 Save 选项，如图 1-1-7 所示。执行完毕后，弹出"Save [Sheet1.SchDoc] As..."对话框，命名为"Example.SchDoc"，存储

路径设置为"G:\book\玩转电子设计\Altium Designer\project\1\1.1\DIP"，如图 1-1-8 所示。

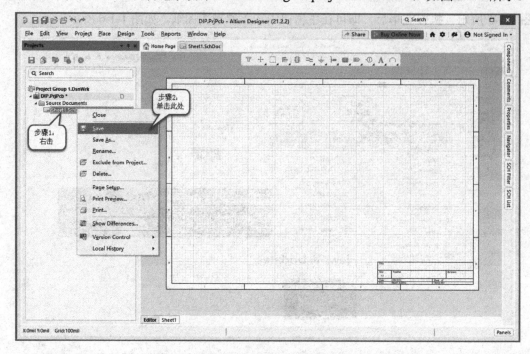

图 1-1-7 保存原理图步骤

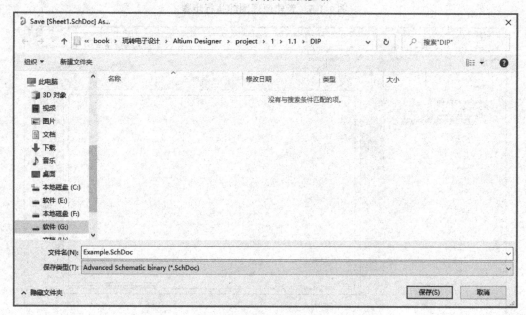

图 1-1-8 "Save [Sheet1.SchDoc] As..."对话框

单击"Save [Sheet1.SchDoc] As..."对话框中的 保存(S) 按钮，即可完成原理图的保存，保存完毕后如图 1-1-9 所示。

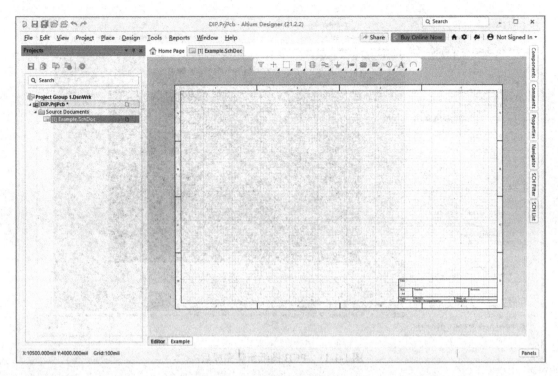

图 1-1-9　原理图图纸保存完毕后

右击 DIP.PrjPcb * 目录，弹出快捷菜单，选择 Add New to Project → PCB 选项，具体操作步骤如图 1-1-10 所示。执行完毕后，即可在主窗口中加入 PCB 图纸，如图 1-1-11 所示。

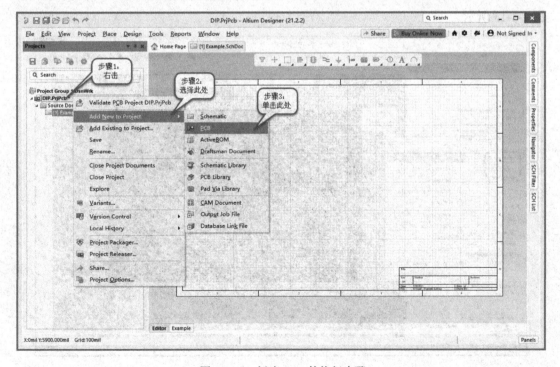

图 1-1-10　新建 PCB 的执行步骤

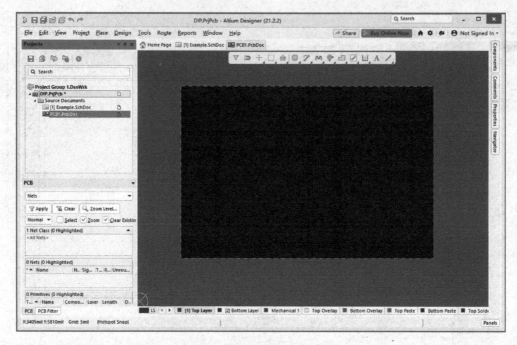

图 1-1-11　PCB 图纸新建完成后

右击 PCB1.PcbDoc 目录，弹出快捷菜单，选择其中的 Save 选项，具体操作步骤如图 1-1-12 所示。执行完毕后，弹出 "Save [PCB1.PcbDoc] As..." 对话框，命名为 "Example.PcbDoc"，存储路径设置为 "G:\book\玩转电子设计\Altium Designer\project\1\1.1\DIP"，如图 1-1-13 所示。

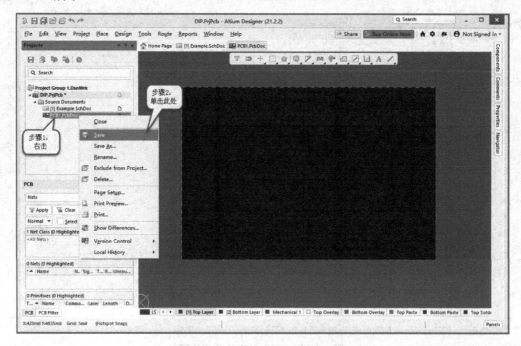

图 1-1-12　保存 PCB 图纸的步骤

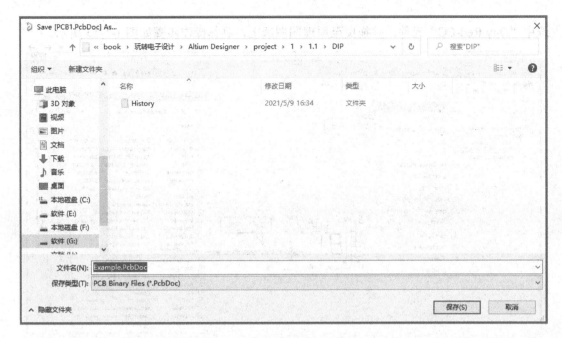

图 1-1-13　保存 PCB 图纸

单击"Save [PCB1.SchDoc] As..."对话框中的 保存(S) 按钮，即可完成 PCB 图纸的保存，保存完毕后如图 1-1-14 所示。

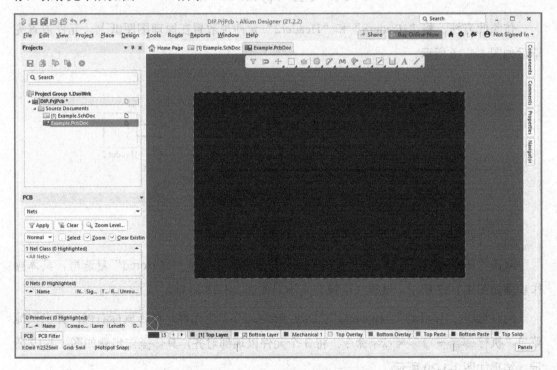

图 1-1-14　PCB 图纸保存完毕后

切换至原理图绘制环境，执行 Place→ Part... 命令，右侧弹出"Components"窗格，选中"Dpy Red-CC"元件，并拖曳至原理图图纸上，具体操作步骤如图 1-1-15 所示。

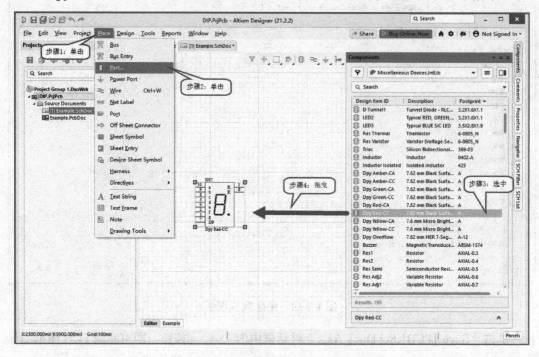

图 1-1-15　放置"Dpy Red-CC"元件

仿照此方法，将"Header8"和"Header2"元件也放置在原理图图纸上。元件放置完毕后如图 1-1-16 所示。

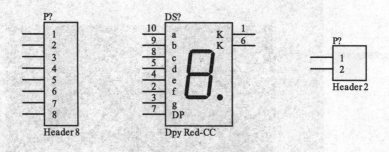

图 1-1-16　元件放置完毕后

双击"Header8"元件，弹出"Properties"窗格，并勾选"Mirrored"复选框，具体操作步骤如图 1-1-17 所示。设置（镜像）完毕后如图 1-1-18 所示。

同时选中"Header8""Header2""Dpy Red-CC"3 个元件，单击鼠标右键，弹出快捷菜单，执行 Align → ⯐ Align Top 命令，将 3 个元件以顶部对齐，具体操作步骤如图 1-1-19 所示，结果如图 1-1-20 所示。

执行 Tools → Annotation → Annotate Schematics... 命令，弹出"Annotate"对话框，如图 1-1-21 所示。

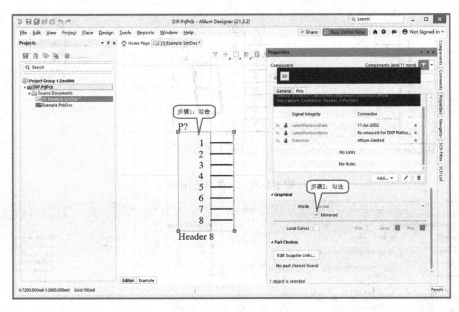

图 1-1-17 设置元件属性

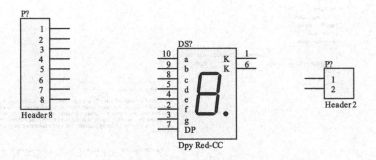

图 1-1-18 镜像完毕后

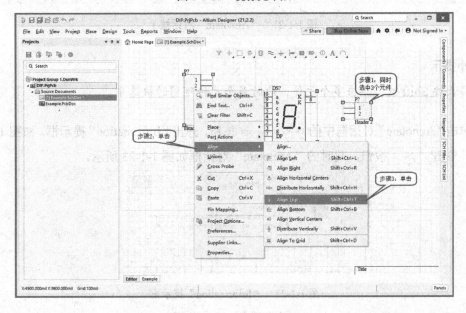

图 1-1-19 对齐操作步骤

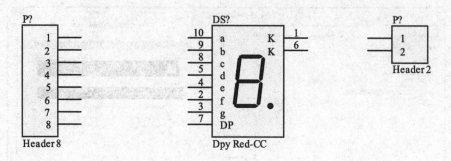

图 1-1-20 元件对齐结果

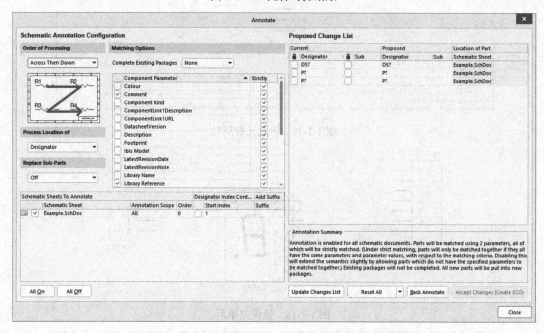

图 1-1-21 "Annotate" 对话框 1

🔲 小提示

◎长按 Shift 键，单击多个元件，此时多个元件可同时被选中。

单击 "Annotate" 对话框中的 Update Changes List 按钮，弹出 "Information" 提示框，如图 1-1-22 所示，单击 OK 按钮，此时的 "Annotate" 对话框如图 1-1-23 所示。

图 1-1-22 "Information" 提示框

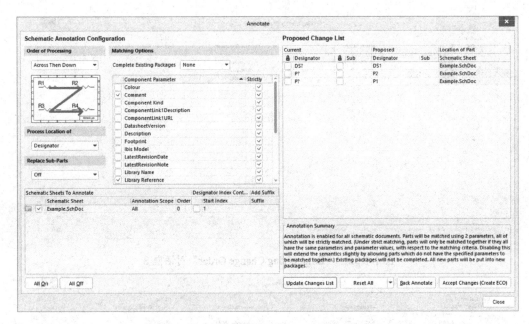

图 1-1-23   "Annotate"对话框 2

单击此时"Annotate"对话框中的 Accept Changes (Create ECO) 按钮，弹出"Engineering Change Order"对话框，如图 1-1-24 所示。

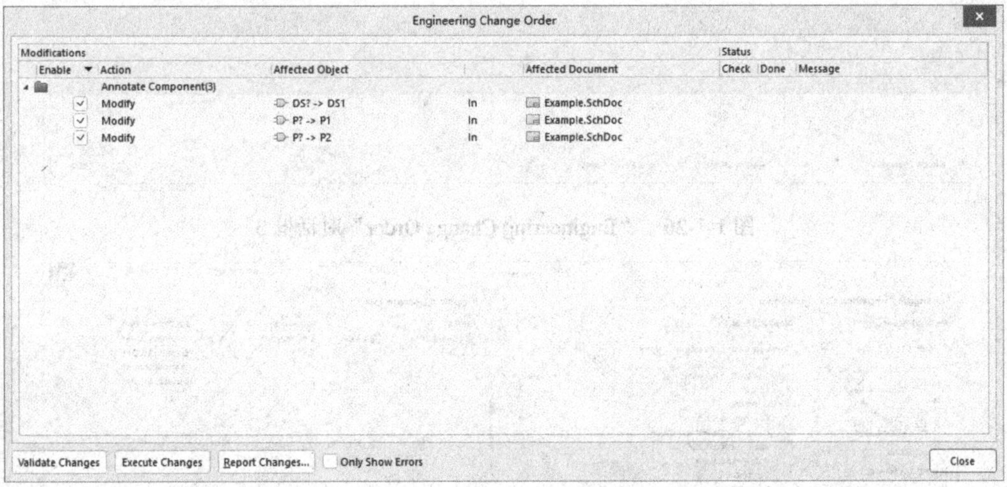

图 1-1-24   "Engineering Change Order"对话框 1

单击 Engineering Change Order"对话框中的 Validate Changes 按钮，"Status"栏发生变化，如图 1-1-25 所示。

单击"Engineering Change Order"对话框中的 Execute Changes 按钮，"Status"栏又发生变化，如图 1-1-26 所示。单击"Engineering Change Order"对话框中的 Close 按钮，返回"Annotate"对话框，如图 1-1-27 所示。单击"Annotate"对话框中的 Close 按钮，即可完成元件排序，如图 1-1-28 所示。

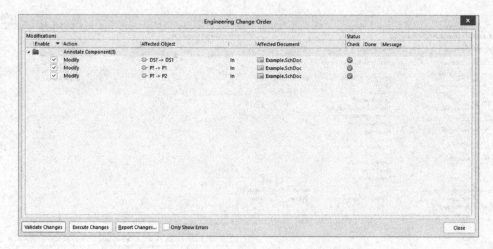

图 1-1-25　"Engineering Change Order" 对话框 2

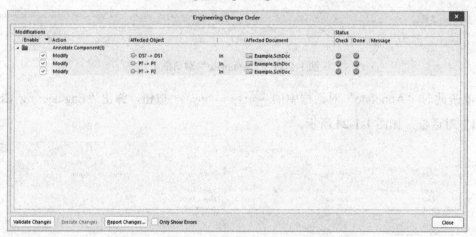

图 1-1-26　"Engineering Change Order" 对话框 3

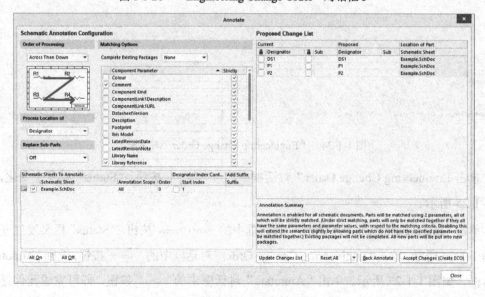

图 1-1-27　"Annotate" 对话框 3

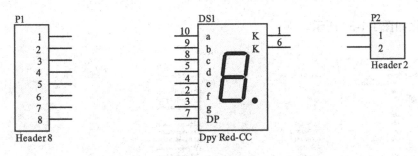

图 1-1-28　元件排序完毕后

执行 Place → ≅ Wire 命令，将元件"P1"的引脚 1 与元件"DS1"的引脚 10 相连，元件"P1"的引脚 2 与元件"DS1"的引脚 9 相连，元件"P1"的引脚 3 与元件"DS1"的引脚 8 相连，元件"P1"的引脚 4 与元件"DS1"的引脚 5 相连，元件"P1"的引脚 5 与元件"DS1"的引脚 4 相连，元件"P1"的引脚 6 与元件"DS1"的引脚 2 相连，元件"P1"的引脚 7 与元件"DS1"的引脚 3 相连，元件"P1"的引脚 8 与元件"DS1"的引脚 7 相连，如图 1-1-29 所示。

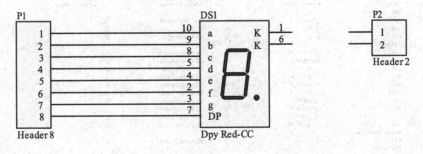

图 1-1-29　元件"P1"和"DS1"连接完毕后

执行 Place → ≅ Wire 命令，将元件"P2"的引脚 1 与元件"DS1"的引脚 1 相连，元件"P2"的引脚 2 与元件"DS1"的引脚 6 相连，如图 1-1-30 所示。

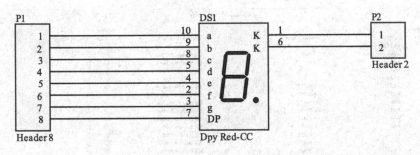

图 1-1-30　元件"P2"和"DS1"连接完毕后

执行 Design → Update PCB Document Example.PcbDoc 命令，弹出"Engineering Change Order"对话框，如图 1-1-31 所示。单击"Engineering Change Order"对话框中的 Validate Changes 按钮，其变化如图 1-1-32 所示。单击"Engineering Change Order"对话框中的 Execute Changes 按

钮，其变化如图 1-1-33 所示。

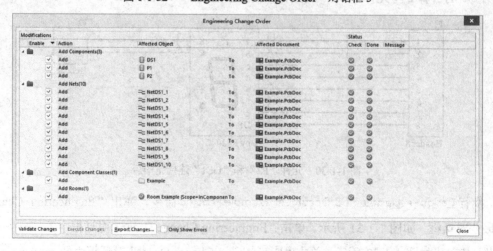

图 1-1-31　"Engineering Change Order" 对话框 4

图 1-1-32　"Engineering Change Order" 对话框 5

图 1-1-33　"Engineering Change Order" 对话框 6

单击"Engineering Change Order"对话框中的 [Close] 按钮，可关闭"Engineering Change Order"对话框。切换至 PCB 绘制环境，所有元件的封装已更新至 PCB 绘制环境中，如图 1-1-34 所示。

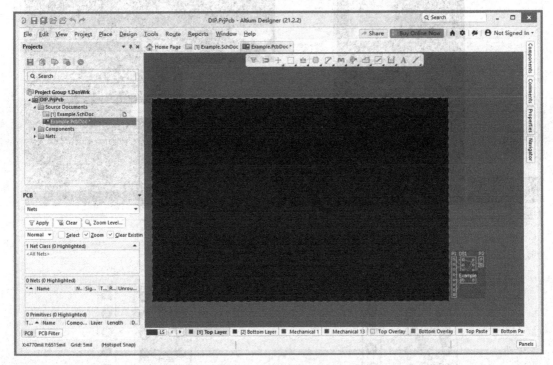

图 1-1-34　PCB 绘制环境

将电路中元件封装放置在 PCB 图纸中央，如图 1-1-35 所示。同时选中元件"DS1"和"P1"，单击鼠标右键，弹出快捷菜单，执行 Align → ▥ Align Top 命令，将两个元件以顶部对齐，具体操作步骤如图 1-1-36 所示，结果如图 1-1-37 所示。

图 1-1-35　元件布局

同时选中元件"DS1"和"P2"，单击鼠标右键，弹出快捷菜单，执行 Align → ▤ Align Left 命令，将两个元件以左侧对齐，结果如图 1-1-38 所示。至此，元件布局完毕。

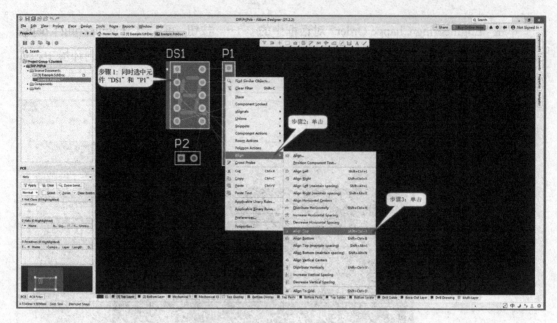

图 1-1-36　以顶部对齐操作步骤

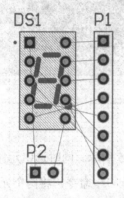

图 1-1-37　完成以顶部对齐

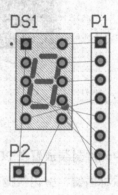

图 1-1-38　完成以左侧对齐

切换至"Mechanical1"图层，执行 Place → 　 Line 命令，在元件周围绘制矩形，线段的具体参数如图 1-1-39～图 1-1-42 所示。外框绘制完毕后如图 1-1-43 所示。

选中刚刚绘制的矩形，执行 Design → Board Shape → Define Board Shape from Selected Objects 命令，具体操作步骤如图 1-1-44 所示，结果如图 1-1-45 所示。按键盘上的 3 键，切换至三维显示界面，如图 1-1-46 所示。

按键盘上的 2 键，切换至二维显示界面，并切换至"Top Layer"图层。执行 Place → 　 Track 命令，顶层布线如图 1-1-47 所示。切换至"Bottom Layer"图层，执行 Place → 　 Track 命令，底层布线如图 1-1-48 所示。

布线完毕后，按键盘上的 3 键，切换至三维显示界面，如图 1-1-49 所示。

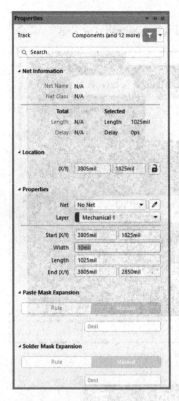

图 1-1-39　线段 1 参数

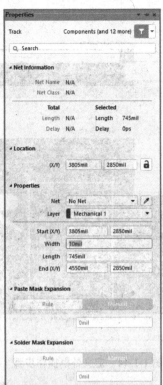

图 1-1-40　线段 2 参数

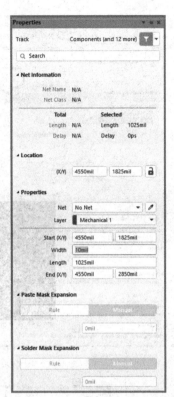

图 1-1-41　线段 3 参数

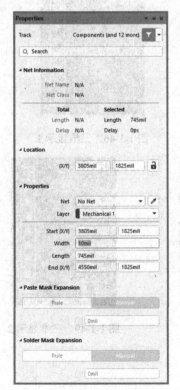

图 1-1-42　线段 4 参数

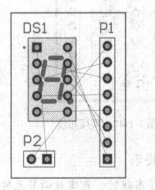

图 1-1-43　外框绘制完毕后

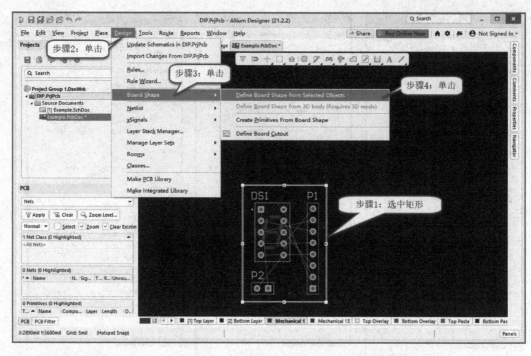

图 1-1-44　定义外框操作步骤

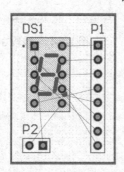

图 1-1-45　定义外框后

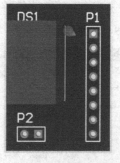

图 1-1-46　三维显示 1

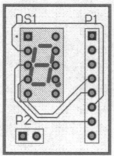

图 1-1-47　顶层布线

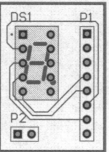

图 1-1-48　底层布线

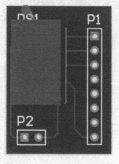

图 1-1-49　三维显示 2

小提示

◎在布线时，可实时调节元件布局。

1.2　由贴片式元件组成的电路 PCB 绘制

单击 ![Altium Designer]图标，启动 Altium Designer 软件。执行 File → New → Project… 命令，弹出 "Create Project" 对话框，Project Type 选择 PCB 子菜单下的 "<Empty>"，将 Project Name 命名为 "SMT"，Folder 存储路径选择 "G:\book\玩转电子设计\Altium Designer\project\ 1\1.2"，并在工程中加入原理图图纸和 PCB 图纸，如图 1-2-1 所示。

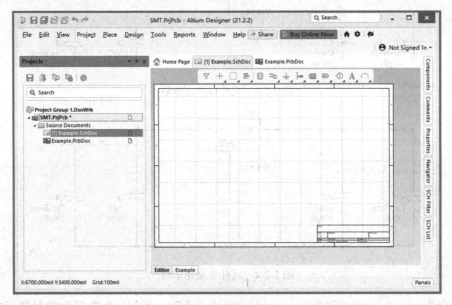

图 1-2-1　新建工程

切换至原理图绘制环境，执行 Place → Part… 命令，放置元件后，如图 1-2-2 所示。执行 Tools → Annotation → Annotate Schematics… 命令，弹出 "Annotate" 对话框，对已放置的元件进行排序，排序完毕后，如图 1-2-3 所示。

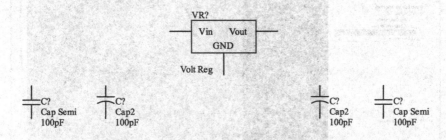

图 1-2-2　元件放置完毕

执行 Place → Wire 命令，将元件 "C1" 的一个引脚与元件 "VR1" 的 "Vin" 引脚相连，元件 "C1" 的另一个引脚与元件 "VR1" 的 "GND" 引脚相连；元件 "C2" 的一个引脚与元件"VR1"的"Vin"引脚相连，元件"C2"的另一个引脚与元件"VR1"的"GND"引脚相连；元件"C3"的一个引脚与元件"VR1"的"Vout"引脚相连，元件"C3"的另一个引脚与元件"VR1"的"GND"引脚相连；元件"C4"的一个引脚与元件"VR1"的"Vout"引脚相连，元件"C4"的另一个引脚与元件"VR1"的"GND"引脚相连。连接完毕后，如图 1-2-4 所示。

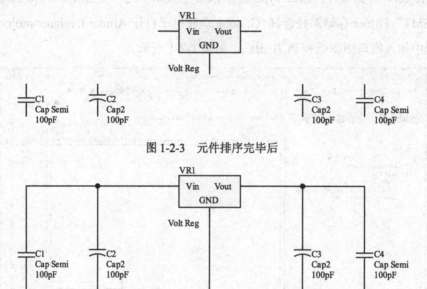

图 1-2-3　元件排序完毕后

图 1-2-4　元件连接完毕后

执行 Design → Update PCB Document Example.PcbDoc 命令，所有元件的封装已更新至 PCB 绘制环境中。更新完毕后，切换至 PCB 绘制环境，如图 1-2-5 所示。

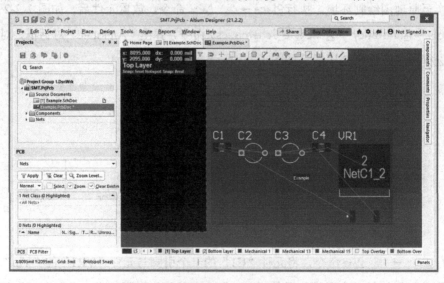

图 1-2-5　元件更新至 PCB 绘制环境中

将电路中元件封装放置在 PCB 图纸中央，执行 Align → 🏛 Align Bottom 命令，将 5 个元件以底部对齐，完成对齐后，如图 1-2-6 所示。

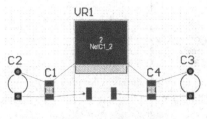

图 1-2-6　布局完毕后

🐾 小提示

◎在布线时，可实时调节元件布局。

切换至"Mechanical1"图层，执行 Place → ✏ Line 命令，在元件周围绘制矩形，线段的具体参数如图 1-2-7～图 1-2-10 所示。外框绘制完毕后，如图 1-2-11 所示。

图 1-2-7　线段 1 参数

图 1-2-8　线段 2 参数

图 1-2-9　线段 3 参数

选中刚刚绘制的矩形，执行 Design → Board Shape → Define Board Shape from Selected Objects 命令，执行完毕后，如图 1-2-12 所示。按键盘上的 3 键，切换至三维显示界面，如图 1-2-13 所示。

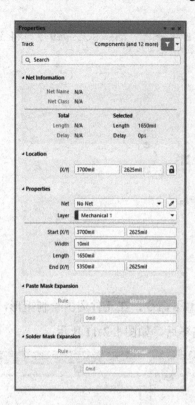

图 1-2-10　线段 4 参数

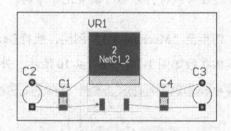

图 1-2-11　外框绘制完毕后

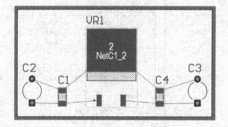

图 1-2-12　板型定义完毕后

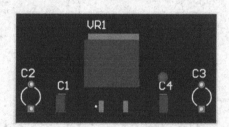

图 1-2-13　三维显示 1

按键盘上的 2 键，切换至二维显示界面，并切换至"Top Layer"图层。执行 Place → ✎ Track 命令，顶层布线如图 1-2-14 所示。布线完毕后，按键盘上的 3 键，切换至三维显示界面，如图 1-2-15 所示。

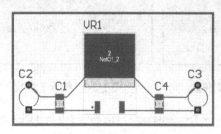

图 1-2-14　顶层布线

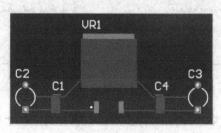

图 1-2-15　三维显示 2

第 2 章 51 单片机最小系统 PCB 绘制

2.1 新建工程

新建 51 单片机最小系统 PCB 设计工程项目，依次打开文件夹，即选择"开始"→"所有程序"→"Altium"选项，由于操作系统不同，快捷方式的位置可能会略有变化。单击 Altium Designer 图标，启动 Altium Designer 软件。

执行 File → New → Project... 命令，弹出"Create Project"对话框，Project Type 选择 PCB 子菜单下的"<Empty>"，将 Project Name 命名为"51System"，Folder 存储路径选择"G:\book\玩转电子设计\Altium Designer\project\2"，单击 Create 按钮，即可完成新建工程项目。

右击 51System.PrjPcb 目录，弹出快捷菜单，选择 Add New to Project → Schematic 选项，将原理图图纸加入主窗口中，并将其命名为"51System.SchDoc"。右击 51System.PrjPcb 目录，弹出快捷菜单，选择 Add New to Project 一 PCB 选项，将 PCB 图纸加入主窗口中，并将其命名为"51System.PcbDoc"。

右击 51System.PrjPcb 目录，弹出快捷菜单，选择 Add New to Project → Schematic Library 选项，具体操作步骤如图 2-1-1 所示，并将其命名为"51System.SchLib"。

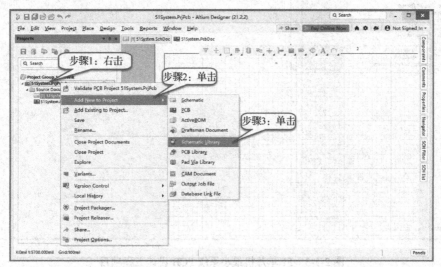

图 2-1-1 添加原理图元件库

右击 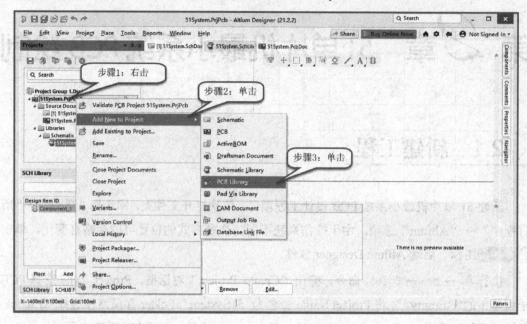51System.PrjPcb 目录，弹出快捷菜单，选择 Add New to Project → PCB Library 选项，具体操作步骤如图 2-1-2 所示，并将其命名为 "51System.PCBLib"。

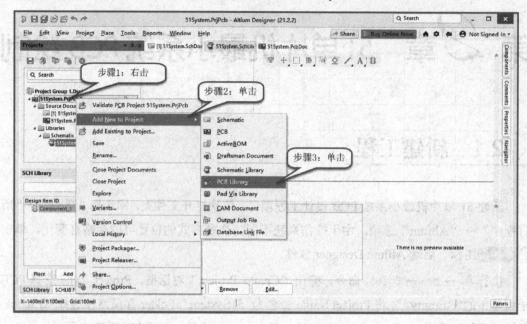

图 2-1-2　添加 PCB 元件库

原理图图纸、PCB 图纸、原理图元件库、PCB 元件库添加完毕后，51 单片机最小系统 PCB 设计工程项目如图 2-1-3 所示。

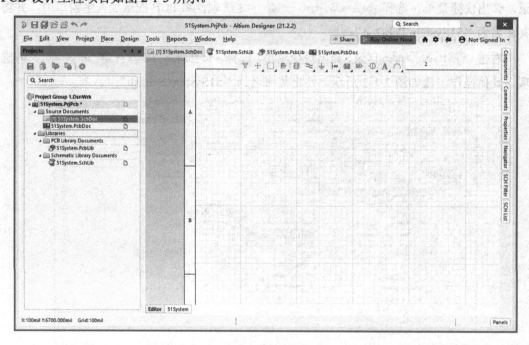

图 2-1-3　51 单片机最小系统 PCB 设计工程项目

本例涉及的元件尽量选择直插式封装的，Altium Designer 软件中的元件库并不包含本例要使用的所有元件，因此，需要自行绘制所需元件的原理图元件库和 PCB 元件库。

2.2　元件库绘制

2.2.1　AT89S51 单片机元件库

切换至"51System.SchLib"原理图元件库绘制界面，在绘制 AT89S51 单片机原理图元件库时，需要根据 AT89S51 单片机的各个引脚进行编辑。AT89S51 单片机引脚图如图 2-2-1 所示。

执行 Place → ▢ Rectangle 命令，将矩形放置在图纸上。双击刚刚放置的矩形，弹出"Properties"窗格，调节矩形的位置、高度和宽度，具体参数设置如图 2-2-2 所示。

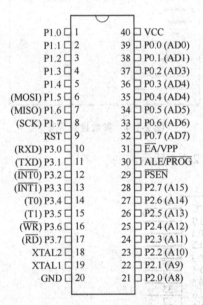

图 2-2-1　AT89S51 单片机引脚图

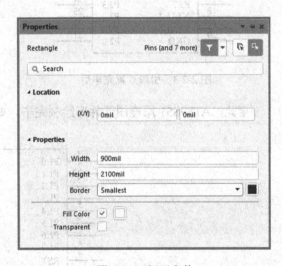

图 2-2-2　矩形参数

执行 Place → ⊣ Pin 命令，在矩形左侧共放置 20 个引脚，从上至下依次将引脚标识修改为"1""2""3""4""5""6""7""8""9""10""11""12""13""14""15""16""17""18""19""20"，从上至下依次将引脚名称修改为"P1.0""P1.1""P1.2""P1.3""P1.4""P1.5""P1.6""P1.7""RST""P3.0""P3.1""P3.2""P3.3""P3.4""P3.5""P3.6""P3.7""XTAL2""XTAL1""GND"。

执行 Place → ⊣ Pin 命令，在矩形右侧共放置 20 个引脚，从下至上依次将引脚标识修改为"21""22""23""24""25""26""27""28""29""30""31""32""33""34""35"

"36" "37" "38" "39" "40"，从下至上依次将引脚名称修改为 "P2.0" "P2.1" "P2.2" "P2.3" "P2.4" "P2.5" "P2.6" "P2.7" "P\S\E\N\" "ALE" "E\A\" "P0.7" "P0.6" "P0.5" "P0.4" "P0.3" "P0.2" "P0.1" "P0.0" "VCC"。引脚放置完毕后，如图 2-2-3 所示。

双击 "SCH Library" 窗格中的 Component_1 选项，弹出 "Properties" 窗格，修改元件名称等参数，结果如图 2-2-4 所示。

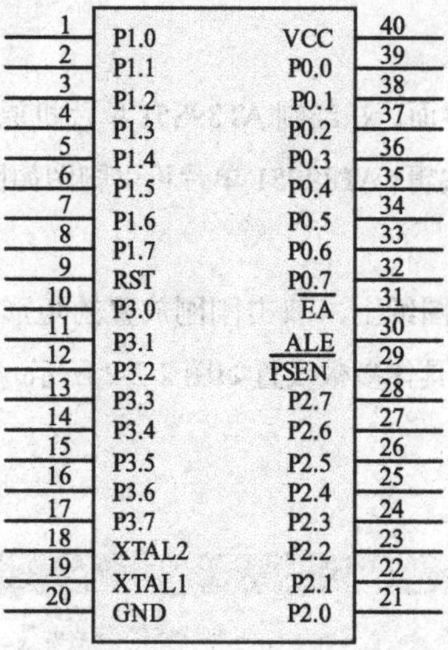

图 2-2-3　引脚放置完毕后　　　　　　图 2-2-4　参数设置完毕

至此，AT89S51 原理图元件库绘制完毕，如图 2-2-5 所示。

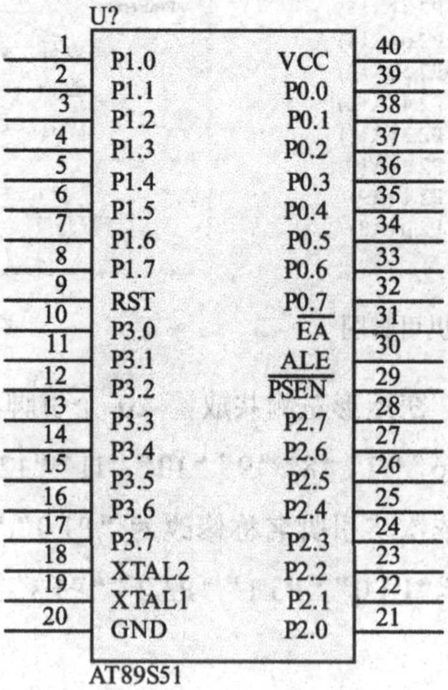

图 2-2-5　AT89S51 原理图元件库

小提示

◎只有将 AT89S51 原理图元件库放置在原理图图纸上，才会出现 "U?" 和 "AT89S51"。

切换至 "51System.PcbLib" PCB 元件库绘制界面，在绘制 AT89S51 单片机 PCB 元件库时，需要根据 AT89S51 单片机封装尺寸进行。AT89S51 单片机封装尺寸如图 2-2-6 所示。

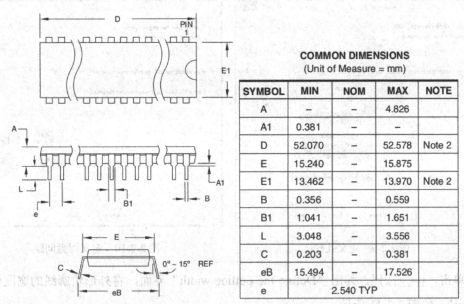

COMMON DIMENSIONS
(Unit of Measure = mm)

SYMBOL	MIN	NOM	MAX	NOTE
A	–	–	4.826	
A1	0.381	–	–	
D	52.070	–	52.578	Note 2
E	15.240	–	15.875	
E1	13.462	–	13.970	Note 2
B	0.356	–	0.559	
B1	1.041	–	1.651	
L	3.048	–	3.556	
C	0.203	–	0.381	
eB	15.494	–	17.526	
e		2.540 TYP		

图 2-2-6　AT89S51 单片机封装尺寸[①]

执行 Tools → Footprint Wizard... 命令，启动封装向导，如图 2-2-7 所示。单击 Next 按钮，弹出 "Page Instructions" 界面，选择 "Dual In-line Packages（DIP）" 选项，将单位设置为 "mil"，如图 2-2-8 所示。

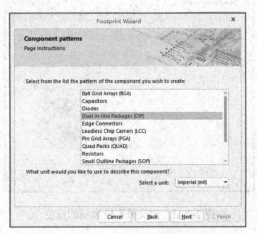

图 2-2-7　启动封装向导　　　　　　　图 2-2-8　定义封装类型

① 图 2-2-6 为元件手册中的原图，因此此处不区分正斜体。

单击 Next 按钮，弹出"Define the pads dimensions"界面，将焊盘形状设置为椭圆形，长轴设置为"70mil"，短轴设置为"70mil"，孔径设置为"40mil"，如图 2-2-9 所示。

单击 Next 按钮，弹出"Define the pads layout"界面，将相邻焊盘的横向间距设置为"600mil"，纵向间距设置为"100mil"，如图 2-2-10 所示。

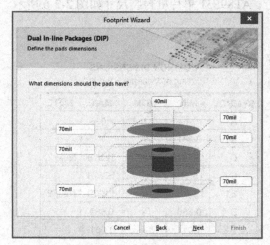
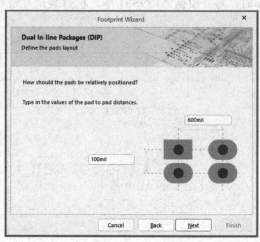

图 2-2-9　定义孔径　　　　　　　　　　　图 2-2-10　定义焊盘间距

单击 Next 按钮，弹出"Define the outline width"界面，将外形轮廓线的宽度设置为"10mil"，如图 2-2-11 所示。

单击 Next 按钮，弹出"Set number of the pads"界面，将焊盘数目设置为"40"，如图 2-2-12 所示。

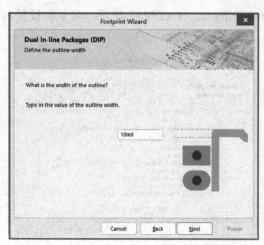
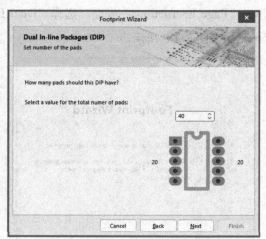

图 2-2-11　定义外形轮廓线的宽度　　　　　图 2-2-12　定义焊盘数目

单击 Next 按钮，弹出"Set the component name"界面，将封装命名为"DIP40"，如图 2-2-13 所示。

　　单击 [Next] 按钮，弹出封装完成界面，如图 2-2-14 所示，单击 [Finish] 按钮，即可将绘制的元件放置在图纸上，如图 2-2-15 所示。

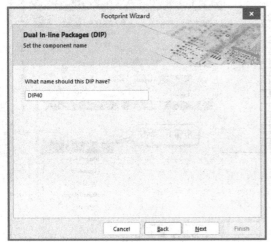
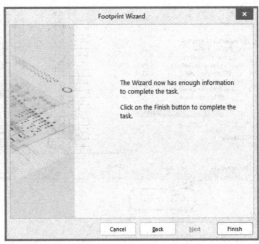

图 2-2-13　封装命名　　　　　　　　　　　　图 2-2-14　封装完成界面

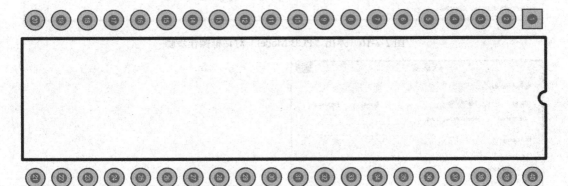

图 2-2-15　AT89S51 单片机 PCB 元件库

　　需要将 AT89S51 单片机 PCB 元件库中的 DIP40 封装加载到 AT89S51 单片机原理图元件库中。切换至原理图元件库绘制环境，打开"SCH Library"窗格，双击 AT89S51 选项，弹出"Properties"窗格，单击 [Add... ▼] 下拉按钮，弹出下拉菜单，选择 Footprint 选项，具体操作步骤如图 2-2-16 所示，弹出"PCB Model"对话框，如图 2-2-17 所示。

　　单击 [Browse...] 按钮，弹出"Browse Libraries"对话框，并选择刚刚绘制的 AT89S51 单片机 PCB 元件库，如图 2-2-18 所示。单击 [OK] 按钮，返回"PCB Model"对话框，完成加载 PCB 封装后，如图 2-2-19 所示。单击 [Pin Map...] 按钮，弹出"Model Map"对话框，可查看引脚的对应情况，图 2-2-20 所示。

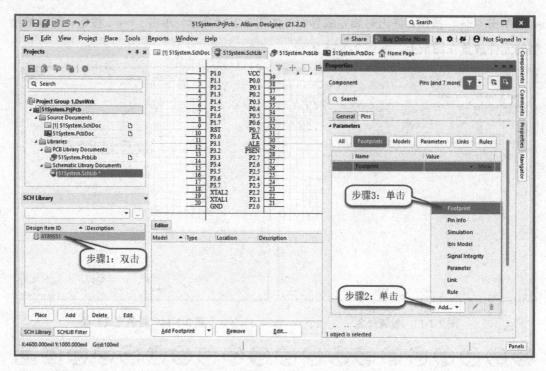

图 2-2-16 弹出"PCB Model"对话框操作步骤

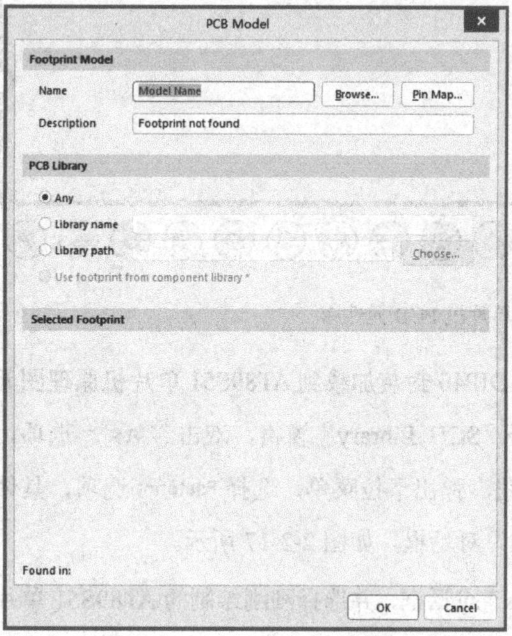

图 2-2-17 "PCB Model"对话框 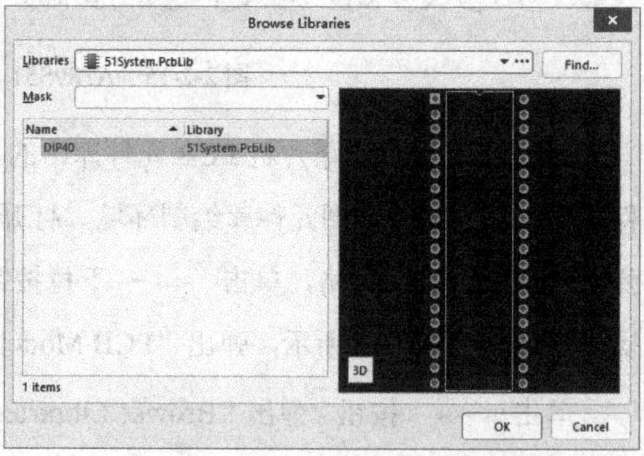 　　　　　图 2-2-18 "Browse Libraries"对话框

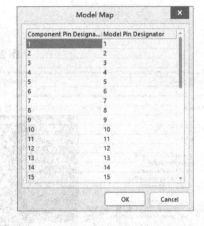

图 2-2-19　完成加载 PCB 封装后　　　　图 2-2-20　"Model Map"对话框

至此，AT89S51 单片机元件库绘制完毕。

 小提示

◎扫描右侧二维码可观看加载 PCB 封装的过程。

2.2.2　晶振元件库

晶振可以选用 Altium Designer 软件中自带的晶振原理图元件库，如图 2-2-21 所示，可不必自行绘制。在绘制晶振 PCB 元件库时，需要根据晶振封装尺寸进行。晶振封装尺寸如图 2-2-22 所示。

切换至"51System.PcbLib" PCB 元件库绘制界面，参考如图 2-2-23 所示的步骤新建晶振 PCB 元件库绘制环境，并将其命名为"HC-49S"。

图 2-2-21　晶振原理图元件库

执行 Place → ◉ Pad 命令，将焊盘放置在绘制界面中。双击刚刚放置的焊盘，弹出"Properties"窗格，将此焊盘的位置 X 设置为"0mil"，位置 Y 设置为"0mil"，通孔尺寸设置为"36mil"，属性标识设置为"1"，尺寸 X 参数设置为"70mil"，尺寸 Y 参数设置为

"70mil"，外形设置为 "Round"，如图 2-2-24 所示。

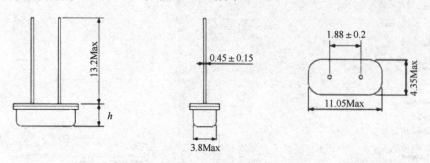

图 2-2-22　晶振封装尺寸

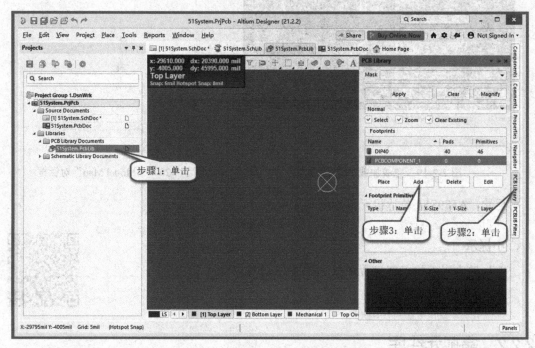

图 2-2-23　新建 PCB 元件库绘制环境

执行 Place → ◉ Pad 命令，将焊盘放置在绘制界面中。双击刚刚放置的焊盘，弹出 "Properties" 窗格，将此焊盘的位置 X 设置为 "192mil"，位置 Y 设置为 "0mil"，通孔尺寸设置为 "36mil"，属性标识设置为 "2"，尺寸 X 参数设置为 "70mil"，尺寸 Y 参数设置为 "70mil"，外形设置为 "Round"，如图 2-2-25 所示。

切换至 "Top Overlay" 图层，执行 Place → ╱ Line 命令，放置 2 条横线，双击第 1 条横线，参数设置如图 2-2-26 所示；双击第 2 条横线，参数设置如图 2-2-27 所示。

切换至 "Top Overlay" 图层，执行 Place → ◠ Arc (Center) 命令，放置两个圆弧，双击第 1 个圆弧，参数设置如图 2-2-28 所示；双击第 2 个圆弧，参数设置如图 2-2-29 所示。

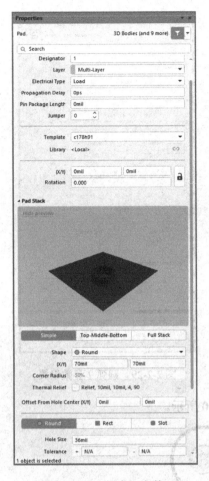

图 2-2-24　焊盘 1 参数

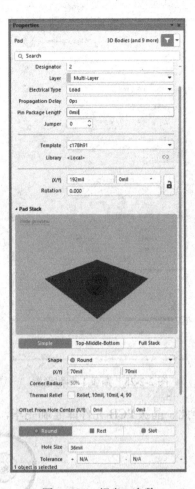

图 2-2-25　焊盘 2 参数

图 2-2-26　横线 1 参数设置

图 2-2-27　横线 2 参数设置

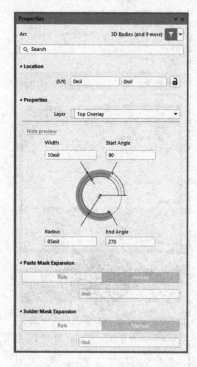 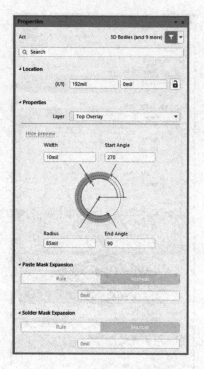

图 2-2-28　圆弧 1 参数设置　　　　图 2-2-29　圆弧 2 参数设置

至此，晶振 PCB 元件库绘制完毕，如图 2-2-30 所示。

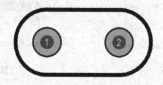

图 2-2-30　晶振 PCB 元件库

📎 小提示

◎扫描右侧二维码可观看创建 HC-49S 绘制界面过程。

2.3　原理图绘制

　　切换至"51System.SchDoc"原理图绘制界面，可绘制 51 单片机最小系统电路原理图，如图 2-3-1 所示，主要由 AT89S51 单片机、电阻、独立按键、电容、排针和晶振组成。其中，独立按键 S1、电容 C1、电阻 R1 和电阻 R2 组成复位电路，作用是防止单片机出现"死机"或"程序跑飞"等现象；排针 P1～P3 的主要作用是将 AT89S51 单片机的 I/O 引脚引出，方便连接外设。

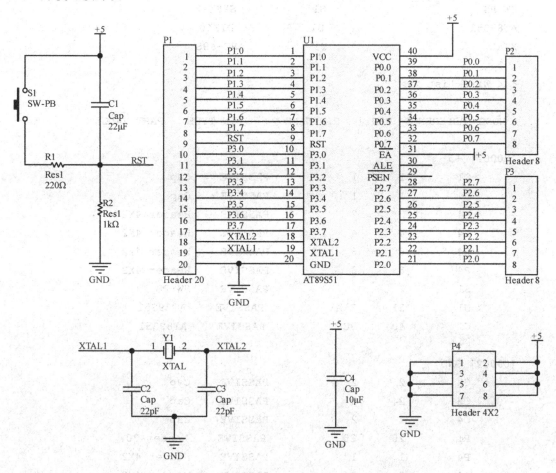

图 2-3-1　51 单片机最小系统电路原理图

执行 <u>D</u>esign → <u>Ne</u>tlist For Document → <u>W</u>ireList 命令，导出 Netlist，可以显示出各元件的连接情况。Netlist 如下：

```
Wire List

<<< Component List >>>
Cap                    C1          RAD-0.3
Cap                    C2          RAD-0.3
Cap                    C3          RAD-0.3
Cap                    C4          RAD-0.3
Header 20              P1          HDR1X20
Header 8               P2          HDR1X8
Header 8               P3          HDR1X8
Header 4X2             P4          HDR2X4
Res1                   R1          AXIAL-0.3
```

```
Res1                          R2         AXIAL-0.3
SW-PB                         S1         SPST-2
AT89S51                       U1         DIP40
XTAL                          Y1         HC-49S


<<< Wire List >>>

  NODE  REFERENCE  PIN #   PIN NAME     PIN TYPE    PART VALUE


[00001] +5
       C1          1       1            PASSIVE     Cap
       C4          1       1            PASSIVE     Cap
       P4          2       2            PASSIVE     Header 4X2
       P4          4       4            PASSIVE     Header 4X2
       P4          6       6            PASSIVE     Header 4X2
       P4          8       8            PASSIVE     Header 4X2
       S1          2       2            PASSIVE     SW-PB
       U1          31      E\A\         PASSIVE     AT89S51
       U1          40      VCC          PASSIVE     AT89S51


[00002] GND
       C2          2       2            PASSIVE     Cap
       C3          2       2            PASSIVE     Cap
       C4          2       2            PASSIVE     Cap
       P1          20      20           PASSIVE     Header 20
       P4          1       1            PASSIVE     Header 4X2
       P4          3       3            PASSIVE     Header 4X2
       P4          5       5            PASSIVE     Header 4X2
       P4          7       7            PASSIVE     Header 4X2
       R2          1       1            PASSIVE     Res1
       U1          20      GND          PASSIVE     AT89S51


[00003] NetR1_2
       R1          2       2            PASSIVE     Res1
       S1          1       1            PASSIVE     SW-PB


[00006] P0.0
       P2          1       1            PASSIVE     Header 8
       U1          39      P0.0         PASSIVE     AT89S51


[00007] P0.1
       P2          2       2            PASSIVE     Header 8
       U1          38      P0.1         PASSIVE     AT89S51
```

[00008] P0.2

P2	3	3	PASSIVE	Header 8
U1	37	P0.2	PASSIVE	AT89S51

[00009] P0.3

P2	4	4	PASSIVE	Header 8
U1	36	P0.3	PASSIVE	AT89S51

[00010] P0.4

P2	5	5	PASSIVE	Header 8
U1	35	P0.4	PASSIVE	AT89S51

[00011] P0.5

P2	6	6	PASSIVE	Header 8
U1	34	P0.5	PASSIVE	AT89S51

[00012] P0.6

P2	7	7	PASSIVE	Header 8
U1	33	P0.6	PASSIVE	AT89S51

[00013] P0.7

P2	8	8	PASSIVE	Header 8
U1	32	P0.7	PASSIVE	AT89S51

[00014] P1.0

P1	1	1	PASSIVE	Header 20
U1	1	P1.0	PASSIVE	AT89S51

[00015] P1.1

P1	2	2	PASSIVE	Header 20
U1	2	P1.1	PASSIVE	AT89S51

[00016] P1.2

P1	3	3	PASSIVE	Header 20
U1	3	P1.2	PASSIVE	AT89S51

[00017] P1.3

P1	4	4	PASSIVE	Header 20
U1	4	P1.3	PASSIVE	AT89S51

[00018] P1.4

P1	5	5	PASSIVE	Header 20
U1	5	P1.4	PASSIVE	AT89S51

```
[00019] P1.5
        P1      6       6               PASSIVE     Header 20
        U1      6       P1.5            PASSIVE     AT89S51


[00020] P1.6
        P1      7       7               PASSIVE     Header 20
        U1      7       P1.6            PASSIVE     AT89S51


[00021] P1.7
        P1      8       8               PASSIVE     Header 20
        U1      8       P1.7            PASSIVE     AT89S51


[00022] P2.0
        P3      8       8               PASSIVE     Header 8
        U1      21      P2.0            PASSIVE     AT89S51


[00023] P2.1
        P3      7       7               PASSIVE     Header 8
        U1      22      P2.1            PASSIVE     AT89S51


[00024] P2.2
        P3      6       6               PASSIVE     Header 8
        U1      23      P2.2            PASSIVE     AT89S51


[00025] P2.3
        P3      5       5               PASSIVE     Header 8
        U1      24      P2.3            PASSIVE     AT89S51


[00026] P2.4
        P3      4       4               PASSIVE     Header 8
        U1      25      P2.4            PASSIVE     AT89S51


[00027] P2.5
        P3      3       3               PASSIVE     Header 8
        U1      26      P2.5            PASSIVE     AT89S51


[00028] P2.6
        P3      2       2               PASSIVE     Header 8
        U1      27      P2.6            PASSIVE     AT89S51


[00029] P2.7
        P3      1       1               PASSIVE     Header 8
        U1      28      P2.7            PASSIVE     AT89S51
```

[00030] P3.0

| P1 | 10 | 10 | PASSIVE | Header 20 |
| U1 | 10 | P3.0 | PASSIVE | AT89S51 |

[00031] P3.1

| P1 | 11 | 11 | PASSIVE | Header 20 |
| U1 | 11 | P3.1 | PASSIVE | AT89S51 |

[00032] P3.2

| P1 | 12 | 12 | PASSIVE | Header 20 |
| U1 | 12 | P3.2 | PASSIVE | AT89S51 |

[00033] P3.3

| P1 | 13 | 13 | PASSIVE | Header 20 |
| U1 | 13 | P3.3 | PASSIVE | AT89S51 |

[00034] P3.4

| P1 | 14 | 14 | PASSIVE | Header 20 |
| U1 | 14 | P3.4 | PASSIVE | AT89S51 |

[00035] P3.5

| P1 | 15 | 15 | PASSIVE | Header 20 |
| U1 | 15 | P3.5 | PASSIVE | AT89S51 |

[00036] P3.6

| P1 | 16 | 16 | PASSIVE | Header 20 |
| U1 | 16 | P3.6 | PASSIVE | AT89S51 |

[00037] P3.7

| P1 | 17 | 17 | PASSIVE | Header 20 |
| U1 | 17 | P3.7 | PASSIVE | AT89S51 |

[00038] RST

C1	2	2	PASSIVE	Cap
P1	9	9	PASSIVE	Header 20
R1	1	1	PASSIVE	Res1
R2	2	2	PASSIVE	Res1
U1	9	RST	PASSIVE	AT89S51

[00039] XTAL1

C2	1	1	PASSIVE	Cap
P1	19	19	PASSIVE	Header 20
U1	19	XTAL1	PASSIVE	AT89S51

Y1	1	OSC1	PASSIVE	XTAL

[00040] XTAL2

C3	1	1	PASSIVE	Cap
P1	18	18	PASSIVE	Header 20
U1	18	XTAL2	PASSIVE	AT89S51
Y1	2	OSC2	PASSIVE	XTAL

2.4 PCB 绘制

2.4.1 布局

执行 Design → Update Schematics in 51System.PrjPcb 命令，弹出"Engineering Change Order"对话框。单击 Validate Changes 按钮，全部完成检测；单击 Execute Changes 按钮，即可完成更改；单击 Close 按钮，即可将元件封装导入 PCB 中。

将 51 单片机最小系统电路中的元件封装放置在 PCB 图纸中央，晶振电路相关元件和复位电路相关元件放置在 51 单片机的左侧，初步布局如图 2-4-1 所示。对整体布局进行微调，适当调节元件间距，使元件可以沿某一方向对齐，如图 2-4-2 所示。

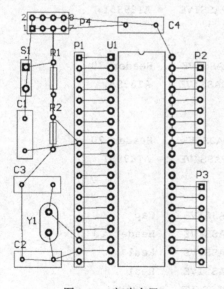

图 2-4-1 初步布局

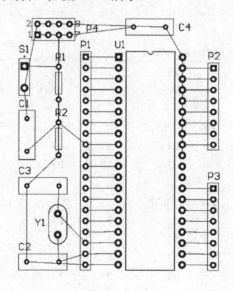

图 2-4-2 调整布局

适当规划版型并放置 4 个过孔，以方便安装。过孔大小和位置并无特殊要求，合理即可。放置完毕后，元件布局如图 2-4-3 所示，三维视图如图 2-4-4 所示。

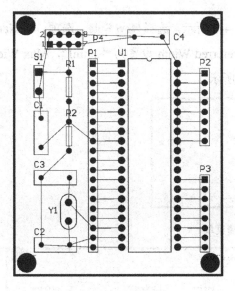

图 2-4-3　元件布局

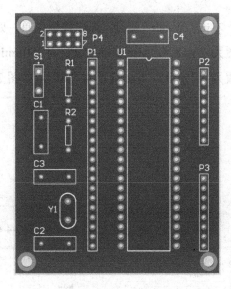

图 2-4-4　三维视图

2.4.2　布线

执行 Design → Rules... 命令，弹出 "PCB Rules and Constraints Editor [mil]" 对话框，对布线规则进行设定。单击 "Routing" 规则中的子规则 "Width"，将 Min Width 设置为 "8mil"，Preferred Width 设置为 "10mil"，Max Width 设置为 "15mil"，如图 2-4-5 所示。

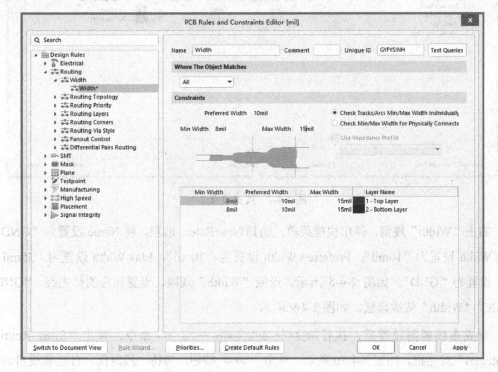

图 2-4-5　线宽设置 1

右击"Width"规则，弹出快捷菜单，如图 2-4-6 所示，选择 New Rule... 选项，将 Name 设置为"VCC"，Min Width 设置为"10mil"，Preferred Width 设置为"20mil"，Max Width 设置为"25mil"，Net 设置为"+5"，如图 2-4-7 所示。

图 2-4-6　快捷菜单

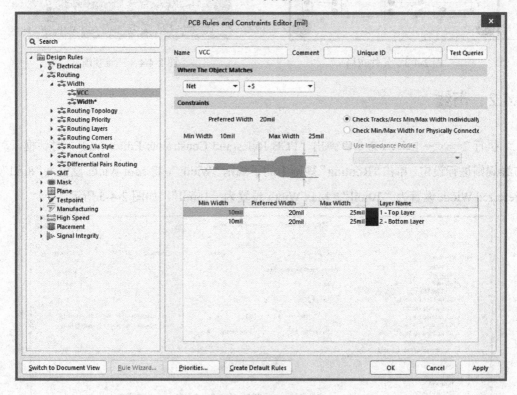

图 2-4-7　线宽设置 2

右击"Width"规则，弹出快捷菜单，选择 New Rule... 选项，将 Name 设置为"GND"，Min Width 设置为"10mil"，Preferred Width 设置为"30mil"，Max Width 设置为"35mil"，Net 设置为"GND"，如图 2-4-8 所示。返回"Width"规则，设置相应的优先级，"GND""VCC""Width"依次降低，如图 2-4-9 所示。

完成布线规则设置后，执行 Route → Auto Route → ⤳ All... 命令，弹出"Situs Routing Strategies"对话框，如图 2-4-10 所示。单击 Route All 按钮，等待一段时间，自动布线自动停止。顶层自动布线如图 2-4-11 所示，底层自动布线如图 2-4-12 所示。

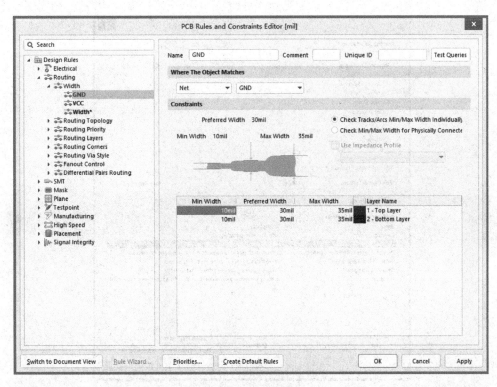

图 2-4-8　线宽设置 3

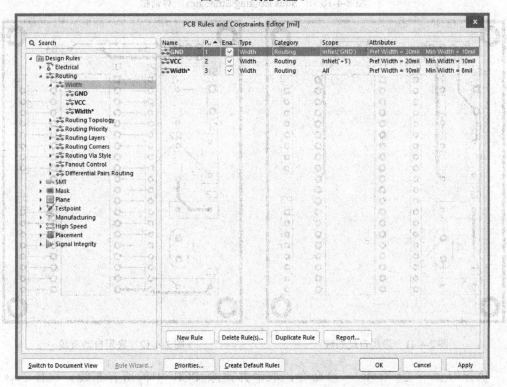

图 2-4-9　线宽优先级

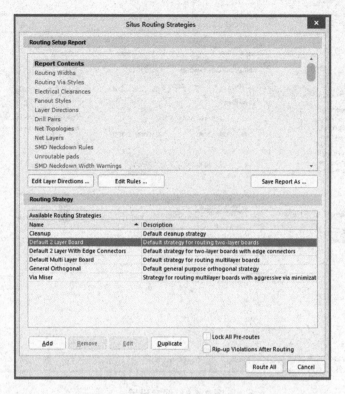

图 2-4-10 "Situs Routing Strategies" 对话框

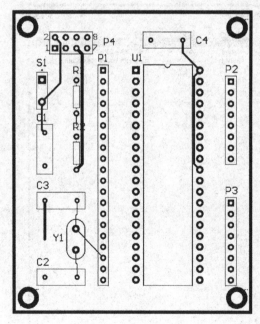

图 2-4-11 顶层自动布线

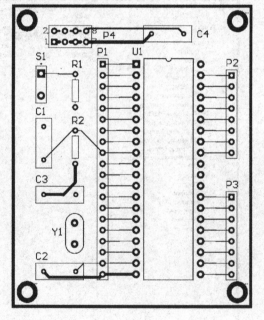

图 2-4-12 底层自动布线

执行 Route → Un-Route → All 命令，取消并删除 PCB 中的所有布线。执行 Place → Interactive Routing 命令，为 51 单片机最小系统电路布线。图 2-4-13 为顶层手动布线，图 2-4-14 为底层手动布线。

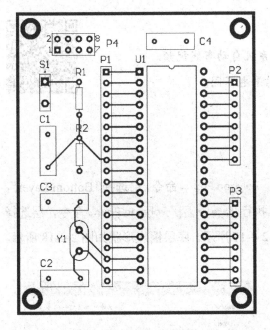 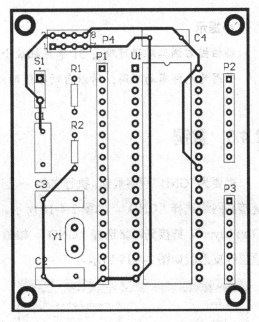

图 2-4-13　顶层手动布线　　　　　　　　　图 2-4-14　底层手动布线

执行 Tools → 📖 Design Rule Check... 命令，弹出 "Design Rule Checker [mil]" 对话框。单击 `Run Design Rule Check...` 按钮，弹出 "Messages" 窗格，如图 2-4-15 所示，孔径较大的警告信息可忽略，丝印与焊盘间距较小的警告信息也可忽略；焊盘与焊盘间距较小的警告信息应引起重视，并适当修改间距。

Class	Document	So...	Message	Time	Date	No.
[Hole Size Constraint Violation]	51System.P	Adva	Hole Size Constraint: (118.11mil > 100mil) Via (372	14:17:0(	2021/7/	1
[Hole Size Constraint Violation]	51System.P	Adva	Hole Size Constraint: (118.11mil > 100mil) Via (372	14:17:0(	2021/7/	2
[Hole Size Constraint Violation]	51System.P	Adva	Hole Size Constraint: (118.11mil > 100mil) Via (568	14:17:0(	2021/7/	3
[Hole Size Constraint Violation]	51System.P	Adva	Hole Size Constraint: (118.11mil > 100mil) Via (568	14:17:0(	2021/7/	4
[Silk To Solder Mask Clearance Co	51System.P	Adva	Silk To Solder Mask Clearance Constraint: (9.491m	14:17:0(	2021/7/	5
[Silk To Solder Mask Clearance Co	51System.P	Adva	Silk To Solder Mask Clearance Constraint: (9.491m	14:17:0(	2021/7/	6
[Silk To Solder Mask Clearance Co	51System.P	Adva	Silk To Solder Mask Clearance Constraint: (9.491m	14:17:0(	2021/7/	7
[Silk To Solder Mask Clearance Co	51System.P	Adva	Silk To Solder Mask Clearance Constraint: (9.491m	14:17:0(	2021/7/	8
[Silk To Solder Mask Clearance Co	51System.P	Adva	Silk To Solder Mask Clearance Constraint: (9.646m	14:17:0(	2021/7/	9
[Silk To Solder Mask Clearance Co	51System.P	Adva	Silk To Solder Mask Clearance Constraint: (9.646m	14:17:0(	2021/7/	10
[Silk To Solder Mask Clearance Co	51System.P	Adva	Silk To Solder Mask Clearance Constraint: (9.629m	14:17:0(	2021/7/	11
[Silk To Solder Mask Clearance Co	51System.P	Adva	Silk To Solder Mask Clearance Constraint: (9.629m	14:17:0(	2021/7/	12
[Silk To Silk Clearance Constraint '	51System.P	Adva	Silk To Silk Clearance Constraint: (5.402mil < 10mi	14:17:0(	2021/7/	13
[Silk To Silk Clearance Constraint '	51System.P	Adva	Silk To Silk Clearance Constraint: (8.74mil < 10mil)	14:17:0(	2021/7/	14
[Silk To Silk Clearance Constraint '	51System.P	Adva	Silk To Silk Clearance Constraint: (2.063mil < 10mi	14:17:0(	2021/7/	15
[Silk To Silk Clearance Constraint '	51System.P	Adva	Silk To Silk Clearance Constraint: (2.063mil < 10mi	14:17:0(	2021/7/	16

图 2-4-15　"Messages" 窗格

小提示

◎扫描右侧二维码可观看 51 单片机最小系统自动布线视频。

◎因为元件布局不同，所以自动布线的结果也不同。

2.4.3　敷铜

需要为"GND"网络敷铜。执行 Place → □ Polygon Pour... 命令，层选择"Bottom Layer"，链接到网络选择"GND"，如图 2-4-16 所示。执行 Place → □ Polygon Pour... 命令，层选择"Top Layer"，链接到网络选择"GND"，如图 2-4-17 所示。底层铜皮形状如图 2-4-18 所示，顶层铜皮形状如图 2-4-19 所示。

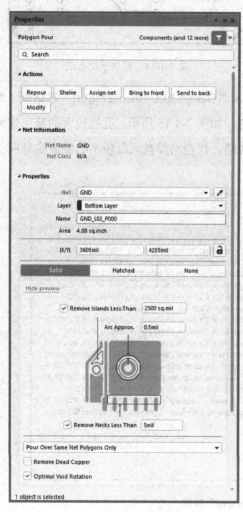

图 2-4-16　底层铜皮参数

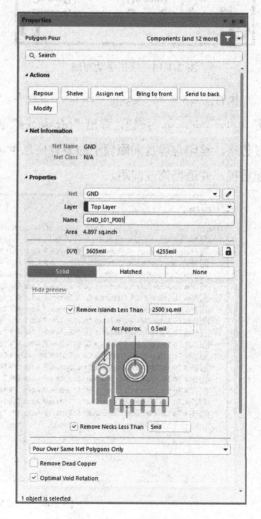

图 2-4-17　顶层铜皮参数

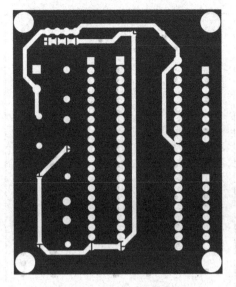

图 2-4-18　底层铜皮形状

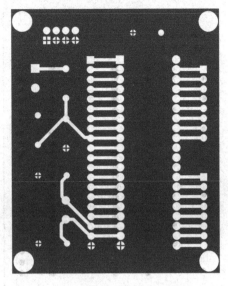

图 2-4-19　顶层铜皮形状

2.5　文件输出

2.5.1　装配图

执行 File → Assembly Outputs → Assembly Drawings 命令，弹出 "Preview Assembly Drawings of [51System.PcbDoc]" 对话框，如图 2-5-1 所示，单击 [🖨 Print...] 按钮，即可将装配图输出。装配图的顶层如图 2-5-2 所示，装配图的底层如图 2-5-3 所示。

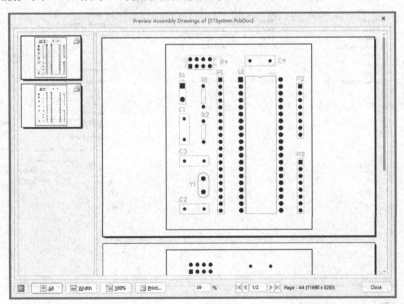

图 2-5-1　"Preview Assembly Drawings of [51System.PcbDoc]" 对话框

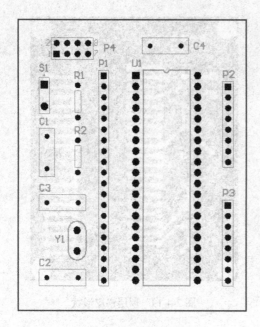 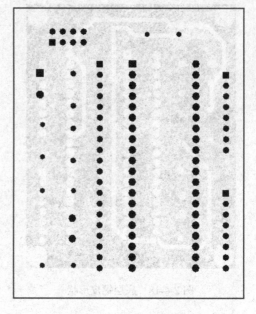

图 2-5-2　装配图的顶层　　　　　　　图 2-5-3　装配图的底层

2.5.2　BOM 表

执行 Reports → Bill of Materials 命令，弹出"Bill of Materials for PCB Document [51System.PcbDoc]"对话框，如图 2-5-4 所示。单击 Export... 按钮，导出 BOM 表，如表 2-5-1 所示。

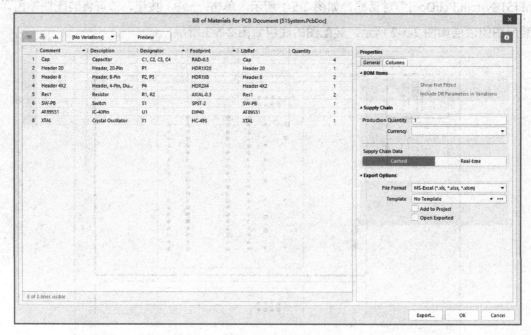

图 2-5-4　"Bill of Materials for PCB Document [51System.PcbDoc]"对话框

表 2-5-1　BOM 表

Comment	Description	Designator	Footprint	LibRef	Quantity
Cap	Capacitor	C1, C2, C3, C4	RAD-0.3	Cap	4
Header 20	Header, 20-Pin	P1	HDR1X20	Header 20	1
Header 8	Header, 8-Pin	P2, P3	HDR1X8	Header 8	2
Header 4X2	Header, 4-Pin, Dual row	P4	HDR2X4	Header 4X2	1
Res1	Resistor	R1, R2	AXIAL-0.3	Res1	2
SW-PB	Switch	S1	SPST-2	SW-PB	1
AT89S51	IC-40Pin	U1	DIP40	AT89S51	1
XTAL	Crystal Oscillator	Y1	HC-49S	XTAL	1

2.5.3　Gerber 文件

执行 File → Fabrication Outputs → Gerber Files 命令，弹出"Gerber Setup"对话框，将 Units 设置为"Inches"，将 Format 设置为"2:4"，如图 2-5-5 所示。选择 Layers 选项卡，参数设置如图 2-5-6 所示。选择 Drill Drawing 选项卡，参数设置如图 2-5-7 所示。选择 Apertures 选项卡，参数设置如图 2-5-8 所示。选择 Advanced 选项卡，参数设置如图 2-5-9 所示。

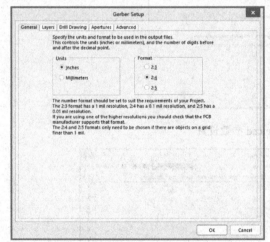

图 2-5-5　General 参数设置

图 2-5-6　Layer 参数设置

单击"Gerber Setup"对话框中的 OK 按钮，即可将 Gerber 文件输出，如图 2-5-10 所示。

 小提示

◎读者可自行查看各层情况。

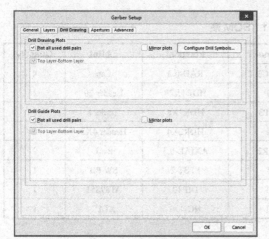
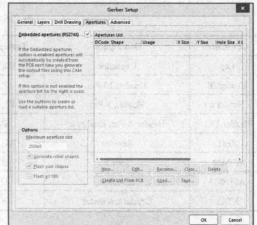

图 2-5-7　Drill Drawing 参数设置　　　　　图 2-5-8　Apertures 参数设置

图 2-5-9　Advanced 参数设置

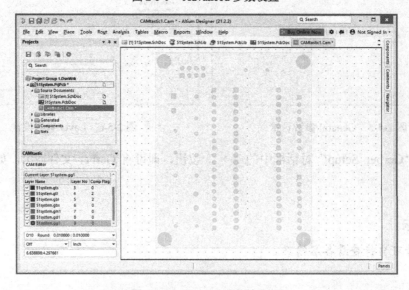

图 2-5-10　Gerber 文件输出后

2.5.4　钻孔文件

执行 <u>F</u>ile → <u>F</u>abrication Outputs → NC Drill Files 命令，弹出 "NC Drill Setup" 对话框，参数设置如图 2-5-11 所示。单击 <u>OK</u> 按钮，即可输出钻孔文件，如图 2-5-12 所示。

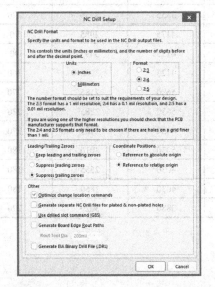

图 2-5-11　"NC Drill Setup" 对话框

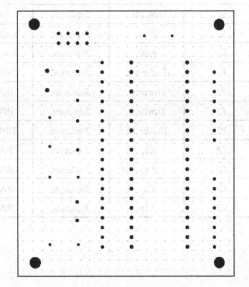

图 2-5-12　钻孔文件

2.5.5　坐标图文件

执行 <u>F</u>ile → Assembly Outputs → <u>G</u>enerates pick and place files 命令，弹出 "Pick and Place Setup" 对话框，参数设置如图 2-5-13 所示。单击 <u>OK</u> 按钮，即可输出坐标图文件，如表 2-5-2 所示。

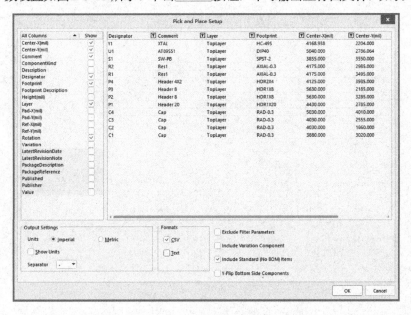

图 2-5-13　"Pick and Place Setup" 对话框

表 2-5-2　坐标图文件

Designator	Comment	Layer	Footprint	Center-X(mil)	Center-Y(mil)	Rotation
Y1	XTAL	TopLayer	HC-49S	4168.938	2204	90
U1	AT89S51	TopLayer	DIP40	5040	2786.064	0
S1	SW-PB	TopLayer	SPST-2	3855	3550	270
R2	Res1	TopLayer	AXIAL-0.3	4175	2985	90
R1	Res1	TopLayer	AXIAL-0.3	4175	3495	90
P4	Header 4X2	TopLayer	HDR2X4	4125	3985	360
P3	Header 8	TopLayer	HDR1X8	5630	2185	270
P2	Header 8	TopLayer	HDR1X8	5630	3285	270
P1	Header 20	TopLayer	HDR1X20	4430	2785	270
C4	Cap	TopLayer	RAD-0.3	5030	4010	180
C3	Cap	TopLayer	RAD-0.3	4030	2555	180
C2	Cap	TopLayer	RAD-0.3	4030	1860	180
C1	Cap	TopLayer	RAD-0.3	3880	3020	270

第 3 章 PIC 单片机最小系统 PCB 绘制

3.1 新建工程

新建 PIC 单片机最小系统 PCB 设计工程项目，依次打开文件夹，即选择"开始"→"所有程序"→"Altium"选项，由于操作系统不同，快捷方式的位置可能会略有变化。单击 Altium Designer 图标，启动 Altium Designer 软件。

执行 File → New → Project… 命令，弹出 "Create Project" 对话框，Project Type 选择 PCB 子菜单下的 "<Empty>"，将 Project Name 命名为 "PICSystem"，Folder 存储路径选择 "G:\book\玩转电子设计\Altium Designer\project\3"，单击 Create 按钮，即可完成新建工程项目。将原理图图纸加入主窗口中，并将其命名为 "PICSystem.SchDoc"；将 PCB 图纸加入主窗口中，并将其命名为 "PICSystem.PcbDoc"。将原理图元件库加入主窗口中，并将其命名为 "PICSystem.SchLib"；将 PCB 元件库加入主窗口中，并将其命名为 "PICSystem.PCBLib"。

原理图图纸、PCB 图纸、原理图元件库、PCB 元件库添加完毕后，PIC 单片机最小系统 PCB 设计工程项目如图 3-1-1 所示。

Altium Designer 软件中的元件库并不包含本例要使用的所有元件，因此，需要自行绘制所需元件的原理图元件库和 PCB 元件库。

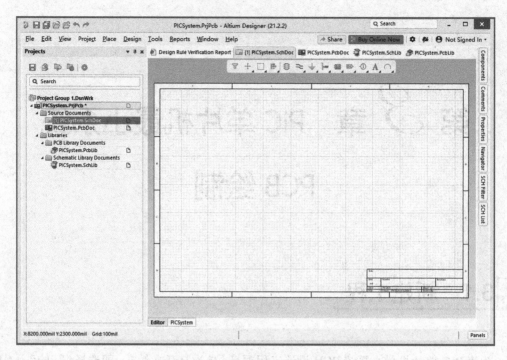

图 3-1-1　PIC 单片机最小系统 PCB 设计工程项目

3.2　元件库绘制

这里需要绘制的是 PIC18F2580 单片机元件库。

切换至"PICSystem.SchLib"原理图元件库绘制界面，在绘制 PIC18F2580 单片机原理图元件库时，需要根据 PIC18F2580 单片机的各个引脚进行编辑。PIC18F2580 单片机引脚图如图 3-2-1 所示。

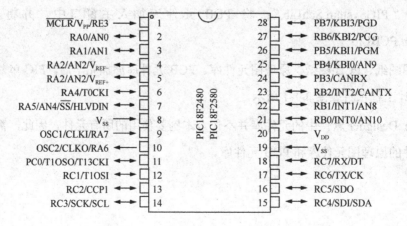

图 3-2-1　PIC18F2580 单片机引脚图

执行 Place → ▢ Rectangle 命令，将矩形放置在图纸上。双击刚刚放置的矩形，弹出"Properties"窗格，调节矩形的位置、高度和宽度，具体参数设置如图 3-2-2 所示。

执行 Place → ⁻ᵈ Pin 命令，在矩形左侧共放置 14 个引脚，从上至下依次将引脚标识修改为"1""2""3""4""5""6""7""8""9""10""11""12""13""14"，从上至下依次将引脚名称修改为"M\C\L\R\""RA0""RA1""RA2""RA3""RA4""RA5""Vss""OSC1""OSC2""RC0""RC1""RC2""RC3"。

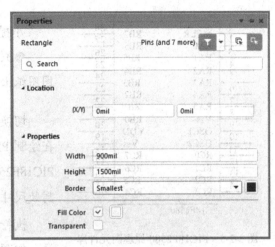

图 3-2-2　具体参数设置

执行 Place → ⁻ᵈ Pin 命令，在矩形右侧共放置 14 个引脚，从下至上依次将引脚标识修改为"15""16""17""18""19""20""21""22""23""24""25""26""27""28"，从下至上依次将引脚名称修改为"RC4""RC5""RC6""RC7""Vss""VDD""RB0""RB1""RB2""RB3""RB4""RB5""RB6""RB7"。引脚放置完毕后，如图 3-2-3 所示。

双击"SCH Library"窗格中的 ⬚ Component_1 选项，弹出"Properties"窗格，修改元件名称等参数，结果如图 3-2-4 所示。

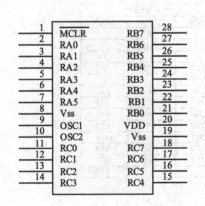

图 3-2-3　引脚放置完毕后

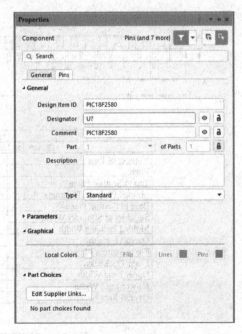

图 3-2-4　设置结果

至此，PIC18F2580 原理图元件库绘制完毕，如图 3-2-5 所示。

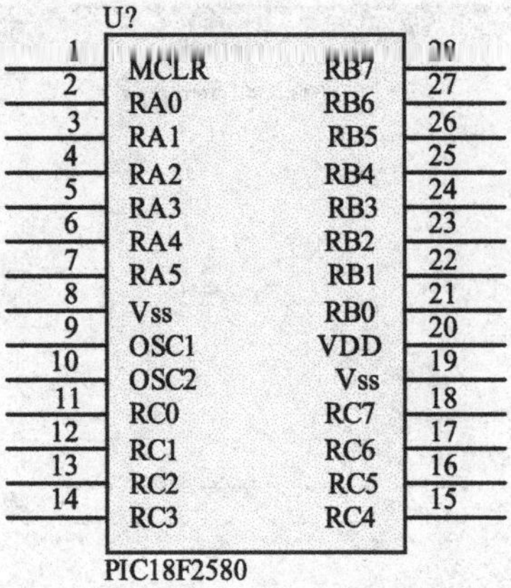

图 3-2-5 PIC18F2580 原理图元件库

小提示

◎只有将 PIC18F2580 原理图元件库放置在原理图图纸上，才会出现 "U?" 和 "PIC18F2580"。

切换至 "PICSystem.PcbLib" PCB 元件库绘制界面，在绘制 PIC18F2580 单片机 PCB 元件库时，需要根据 PIC18F2580 单片机封装尺寸进行。PIC18F2580 单片机封装尺寸如图 3-2-6 所示。

执行 Tools → Footprint Wizard... 命令，启动封装向导，如图 3-2-7 所示。单击 Next 按钮，弹出 "Page Instructions" 界面，选择 "Dual In-line Packages(DIP)" 选项，将单位设置为 "mil"，如图 3-2-8 所示。

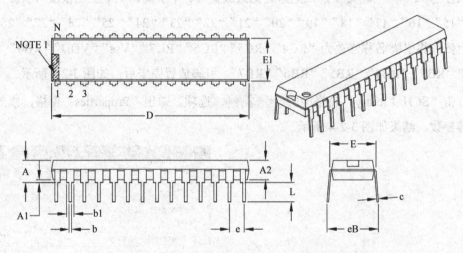

	Units	INCHES		
Dimension Limits		MIN	NOM	MAX
Number of Pins	N		28	
Pitch	e		.100 BSC	
Top to Seating Plane	A	-	-	.200
Molded Package Thickness	A2	.120	.135	.150
Base to Seating Plane	A1	.015	-	-
Shoulder to Shoulder Width	E	.290	.310	.335
Molded Package Width	E1	.240	.285	.395
Overall Length	D	1.345	1.365	400
Tip to Seating Plane	L	.110	.130	.150
Lead Thickness	c	.008	.010	.015
Upper Lead Width	b1	.040	.050	.070
Lower Lead Width	b	.014	.018	.022
Overall Row Spacing S	eB	-	-	.430

图 3-2-6 PIC18F2580 单片机封装尺寸

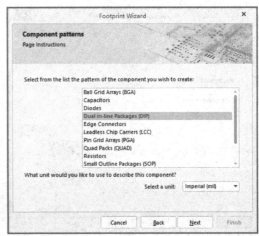

图 3-2-7　启动封装向导　　　　　　　　　　图 3-2-8　定义封装类型

单击 Next 按钮，弹出 "Define the pads dimensions" 界面，将焊盘形状设置为椭圆形，长轴设置为 "60mil"，短轴设置为 "60mil"，孔径设置为 "30mil"，如图 3-2-9 所示。

单击 Next 按钮，弹出 "Define the pads layout" 界面，将相邻焊盘的横向间距设置为 "311mil"，纵向间距设置为 "100mil"，如图 3-2-10 所示。

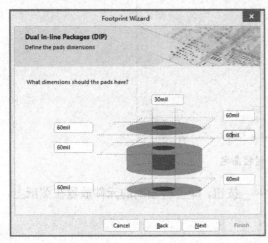

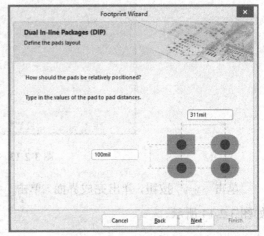

图 3-2-9　定义孔径　　　　　　　　　　图 3-2-10　定义焊盘间距

单击 Next 按钮，弹出 "Define the outline width" 界面，将外形轮廓线的宽度设置为 "10mil"，如图 3-2-11 所示。

单击 Next 按钮，弹出 "Set number of the pads" 界面，将焊盘数目设置为 "28"，如图 3-2-12 所示。

单击 Next 按钮，弹出 "Set the component name" 界面，将封装命名为 "DIP28"，如图 3-2-13 所示。

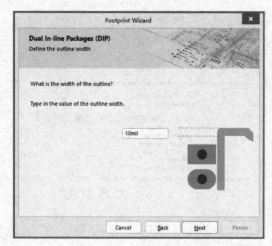

图 3-2-11 定义外形轮廓线的宽度

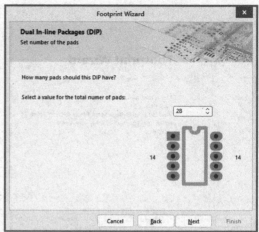

图 3-2-12 定义焊盘数目

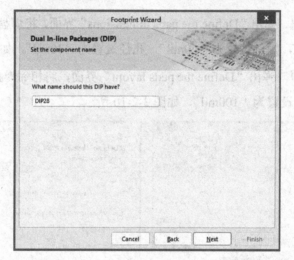

图 3-2-13 封装命名

单击 Next 按钮，弹出完成界面，单击 Finish 按钮，即可将绘制的元件放置在图纸上，如图 3-2-14 所示。

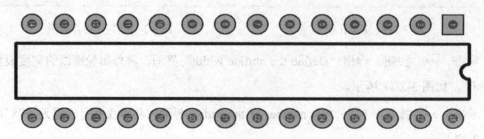

图 3-2-14 PIC18F2580 单片机 PCB 元件库

需要将 PIC18F2580 单片机 PCB 元件库中的 DIP28 封装加载到 PIC18F2580 单片机原理图元件库中，参照 2.2.1 节中的方法即可。至此，PIC18F2580 单片机元件库绘制完毕。

3.3　原理图绘制

切换至"PICSystem.SchDoc"原理图绘制界面，可绘制 PIC 单片机最小系统电路原理图，如图 3-3-1 所示，主要由 PIC18F2580 单片机、电阻、电容、排针和晶振组成。其中，排针 P1～P4 的主要作用是将 PIC18F2580 单片机的 I/O 引脚引出，方便连接外设。

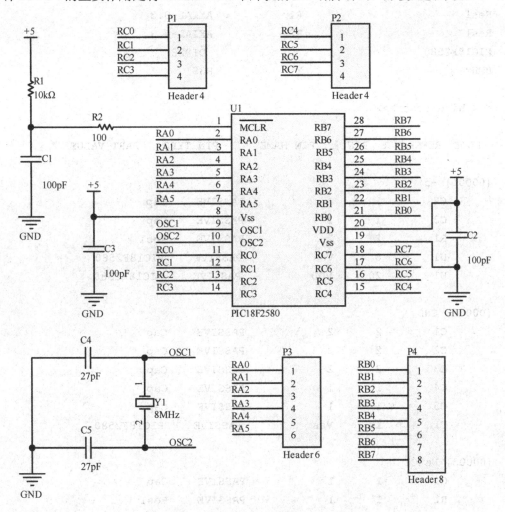

图 3-3-1　PIC 单片机最小系统电路原理图

执行 <u>D</u>esign → <u>N</u>etlist For Document → <u>W</u>ireList 命令，导出 Netlist，可以显示出各元件的连接情况。Netlist 如下：

```
Wire List


<<< Component List >>>
```

```
Cap                        C1          RAD-0.3
Cap                        C2          RAD-0.3
Cap                        C3          RAD-0.3
Cap                        C4          RAD-0.3
Cap                        C5          RAD-0.3
Header 4                   P1          HDR1X4
Header 4                   P2          HDR1X4
Header 6                   P3          HDR1X6
Header 8                   P4          HDR1X8
Res1                       R1          AXIAL-0.3
Res1                       R2          AXIAL-0.3
PIC18F2580                 U1          DIP28
8MHz                       Y1          R38
```

```
<<< Wire List >>>
```

NODE	REFERENCE	PIN #	PIN NAME	PIN TYPE	PART VALUE
[00001] +5					
	C2	1	1	PASSIVE	Cap
	C3	1	1	PASSIVE	Cap
	R1	2	2	PASSIVE	Res1
	U1	8	Vss	PASSIVE	PIC18F2580
	U1	20	VDD	PASSIVE	PIC18F2580
[00002] GND					
	C1	2	2	PASSIVE	Cap
	C2	2	2	PASSIVE	Cap
	C3	2	2	PASSIVE	Cap
	C4	1	1	PASSIVE	Cap
	C5	1	1	PASSIVE	Cap
	U1	19	Vss	PASSIVE	PIC18F2580
[00003] NetC1_1					
	C1	1	1	PASSIVE	Cap
	R1	1	1	PASSIVE	Res1
	R2	2	2	PASSIVE	Res1
[00004] NetR2_1					
	R2	1	1	PASSIVE	Res1
	U1	1	M\C\L\R\	PASSIVE	PIC18F2580
[00005] OSC1					
	C4	2	2	PASSIVE	Cap

```
        U1        9        OSC1          PASSIVE      PIC18F2580
        Y1        1        OSC1          PASSIVE      8MHz

[00006] OSC2
        C5        2        2             PASSIVE      Cap
        U1        10       OSC2          PASSIVE      PIC18F2580
        Y1        2        OSC2          PASSIVE      8MHz

[00007] RA0
        P3        1        1             PASSIVE      Header 6
        U1        2        RA0           PASSIVE      PIC18F2580

[00008] RA1
        P3        2        2             PASSIVE      Header 6
        U1        3        RA1           PASSIVE      PIC18F2580

[00009] RA2
        P3        3        3             PASSIVE      Header 6
        U1        4        RA2           PASSIVE      PIC18F2580

[00010] RA3
        P3        4        4             PASSIVE      Header 6
        U1        5        RA3           PASSIVE      PIC18F2580

[00011] RA4
        P3        5        5             PASSIVE      Header 6
        U1        6        RA4           PASSIVE      PIC18F2580

[00012] RA5
        P3        6        6             PASSIVE      Header 6
        U1        7        RA5           PASSIVE      PIC18F2580

[00013] RB0
        P4        1        1             PASSIVE      Header 8
        U1        21       RB0           PASSIVE      PIC18F2580

[00014] RB1
        P4        2        2             PASSIVE      Header 8
        U1        22       RB1           PASSIVE      PIC18F2580

[00015] RB2
        P4        3        3             PASSIVE      Header 8
        U1        23       RB2           PASSIVE      PIC18F2580
```

[00016] RB3

P4	4	4	PASSIVE	Header 8
U1	24	RB3	PASSIVE	PIC18F2580

[00017] RB4

P4	5	5	PASSIVE	Header 8
U1	25	RB4	PASSIVE	PIC18F2580

[00018] RB5

P4	6	6	PASSIVE	Header 8
U1	26	RB5	PASSIVE	PIC18F2580

[00019] RB6

P4	7	7	PASSIVE	Header 8
U1	27	RB6	PASSIVE	PIC18F2580

[00020] RB7

P4	8	8	PASSIVE	Header 8
U1	28	RB7	PASSIVE	PIC18F2580

[00021] RC0

P1	1	1	PASSIVE	Header 4
U1	11	RC0	PASSIVE	PIC18F2580

[00022] RC1

P1	2	2	PASSIVE	Header 4
U1	12	RC1	PASSIVE	PIC18F2580

[00023] RC2

P1	3	3	PASSIVE	Header 4
U1	13	RC2	PASSIVE	PIC18F2580

[00024] RC3

P1	4	4	PASSIVE	Header 4
U1	14	RC3	PASSIVE	PIC18F2580

[00025] RC4

P2	1	1	PASSIVE	Header 4
U1	15	RC4	PASSIVE	PIC18F2580

[00026] RC5

P2	2	2	PASSIVE	Header 4
U1	16	RC5	PASSIVE	PIC18F2580

```
[00027] RC6
        P2          3          3          PASSIVE      Header 4
        U1         17         RC6         PASSIVE      PIC18F2580

[00028] RC7
        P2          4          4          PASSIVE      Header 4
        U1         18         RC7         PASSIVE      PIC18F2580
```

3.4   PCB 绘制

3.4.1   布局

执行 Design → Update Schematics in PICSystem.PrjPcb 命令，弹出 "Engineering Change Order" 对话框。单击 Validate Changes 按钮，全部完成检测；单击 Execute Changes 按钮，即可完成更改；单击 Close 按钮，即可将元件封装导入 PCB 中。

将 PIC 单片机最小系统电路中的元件封装放置在 PCB 图纸中央，晶振电路相关元件和复位电路相关元件放置在 PIC18F2580 单片机的左侧，初步布局如图 3-4-1 所示。对整体布局进行微调，适当调节元件间距，使元件可以沿某一方向对齐，如图 3-4-2 所示。

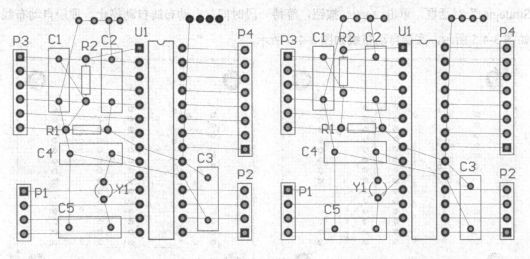

图 3-4-1 初步布局   图 3-4-2 调整布局

适当规划版型并放置 4 个过孔，以方便安装。过孔大小和位置并无特殊要求，合理即可。放置完毕后，元件布局如图 3-4-3 所示，三维视图如图 3-4-4 所示。

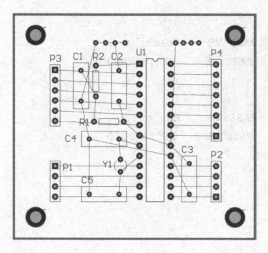

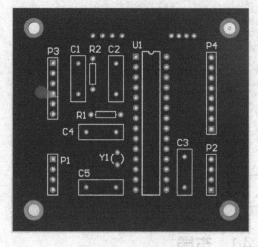

图 3-4-3　元件布局

图 3-4-4　三维视图

3.4.2　布线

执行 Design → Rules... 命令，弹出"PCB Rules Constraints Editor[mil]"对话框，对布线规则进行设定，设置方法参考 2.4.2 节。本节将信号线线宽设置为"10mil"，电源线线宽设置为"25mil"，地线线宽设置为"30mil"。

完成布线规则设置后，执行 Route → Auto Route → ᏸ All... 命令，弹出"Situs Routing Strategies"对话框，单击 Route All 按钮，等待一段时间，自动布线自动停止。顶层自动布线如图 3-4-5 所示，底层自动布线如图 3-4-6 所示。

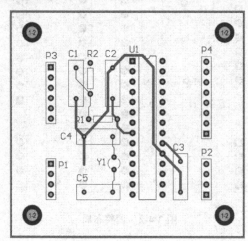

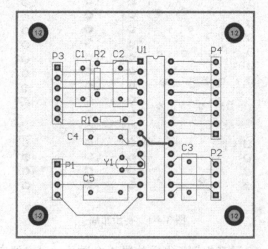

图 3-4-5　顶层自动布线

图 3-4-6　底层自动布线

执行 Route → Un-Route → All 命令，取消并删除 PCB 中的所有布线。执行 Place → ✐ Interactive Routing 命令，为 PIC 单片机最小系统电路布线。图 3-4-7 为顶层手动布线，图 3-4-8 为底层手动布线。

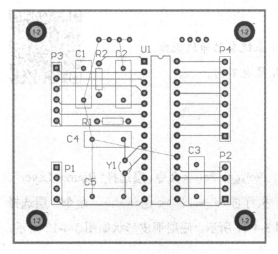

图 3-4-7　顶层手动布线

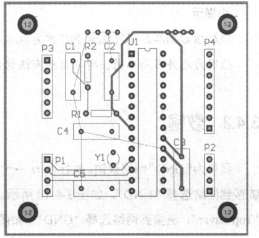

图 3-4-8　底层手动布线

执行 Tools→ 🖳 Design Rule Check... 命令，弹出"Design Rule Checker [mil]"对话框。单击 Run Design Rule Check... 按钮，弹出"Messages"窗格，如图 3-4-9 所示，孔径较大的警告信息可忽略，地线网络未布线、丝印与焊盘间距较小的警告信息也可忽略。

Class	Document	Sou...	Message	Time	Date	N..
[Un-Routed Net Constraint Violation]	PICSystem.P	Advar	Un-Routed Net Constraint: Net GND Between Pad C1-2	20:43:17	2021/8/6	1
[Un-Routed Net Constraint Violation]	PICSystem.P	Advar	Un-Routed Net Constraint: Net GND Between Pad C1-2	20:43:17	2021/8/6	2
[Un-Routed Net Constraint Violation]	PICSystem.P	Advar	Un-Routed Net Constraint: Net GND Between Via (346E	20:43:17	2021/8/6	3
[Un-Routed Net Constraint Violation]	PICSystem.P	Advar	Un-Routed Net Constraint: Net GND Between Pad C5-1	20:43:17	2021/8/6	4
[Un-Routed Net Constraint Violation]	PICSystem.P	Advar	Un-Routed Net Constraint: Net GND Between Pad C4-1	20:43:17	2021/8/6	5
[Un-Routed Net Constraint Violation]	PICSystem.P	Advar	Un-Routed Net Constraint: Net GND Between Via (327C	20:43:17	2021/8/6	6
[Un-Routed Net Constraint Violation]	PICSystem.P	Advar	Un-Routed Net Constraint: Net GND Between Via (3368	20:43:17	2021/8/6	7
[Un-Routed Net Constraint Violation]	PICSystem.P	Advar	Un-Routed Net Constraint: Net GND Between Via (346E	20:43:17	2021/8/6	8
[Width Constraint Violation]	PICSystem.P	Advar	Width Constraint: Track (4016mil,3476.064mil)(4019.968	20:43:17	2021/8/6	9
[Width Constraint Violation]	PICSystem.P	Advar	Width Constraint: Track (4196.032mil,3300mil)(4200mil,:	20:43:17	2021/8/6	10
[Hole Size Constraint Violation]	PICSystem.P	Advar	Hole Size Constraint: (118.11mil > 100mil) Via (2680mil,·	20:43:17	2021/8/6	11
[Hole Size Constraint Violation]	PICSystem.P	Advar	Hole Size Constraint: (118.11mil > 100mil) Via (2680mil,·	20:43:17	2021/8/6	12
[Hole Size Constraint Violation]	PICSystem.P	Advar	Hole Size Constraint: (118.11mil > 100mil) Via (4655mil,:	20:43:17	2021/8/6	13
[Hole Size Constraint Violation]	PICSystem.P	Advar	Hole Size Constraint: (118.11mil > 100mil) Via (4655mil,:	20:43:17	2021/8/6	14
[Hole To Hole Clearance Constraint Violati	PICSystem.P	Advar	Hole To Hole Clearance Constraint: (Collision < 10mil) I	20:43:17	2021/8/6	15
[Silk To Solder Mask Clearance Constraint	PICSystem.P	Advar	Silk To Solder Mask Clearance Constraint: (9.491mil < 1	20:43:17	2021/8/6	16
[Silk To Solder Mask Clearance Constraint	PICSystem.P	Advar	Silk To Solder Mask Clearance Constraint: (9.491mil < 1	20:43:17	2021/8/6	17
[Silk To Solder Mask Clearance Constraint	PICSystem.P	Advar	Silk To Solder Mask Clearance Constraint: (9.491mil < 1	20:43:17	2021/8/6	18
[Silk To Solder Mask Clearance Constraint	PICSystem.P	Advar	Silk To Solder Mask Clearance Constraint: (9.491mil < 1	20:43:17	2021/8/6	19
[Net Antennae Violation]	PICSystem.P	Advar	Net Antennae: Via (3270mil,4480mil) from Top Layer to	20:43:17	2021/8/6	20
[Net Antennae Violation]	PICSystem.P	Advar	Net Antennae: Via (3368.334mil,4480mil) from Top Laye	20:43:17	2021/8/6	21
[Net Antennae Violation]	PICSystem.P	Advar	Net Antennae: Via (3466.666mil,4480mil) from Top Laye	20:43:17	2021/8/6	22
[Net Antennae Violation]	PICSystem.P	Advar	Net Antennae: Via (3565mil,4480mil) from Top Layer to	20:43:17	2021/8/6	23
[Net Antennae Violation]	PICSystem.P	Advar	Net Antennae: Via (4295mil,4480mil) from Top Layer to	20:43:17	2021/8/6	24

图 3-4-9　"Messages"窗格

小提示

◎扫描右侧二维码可观看 PIC 单片机最小系统自动布线视频。

◎因为元件布局不同，所以自动布线的结果也不同。

3.4.3 敷铜

需要为"GND"网络敷铜。执行 Place →⬜ Polygon Pour... 命令，层选择"Bottom Layer"，链接到网络选择"GND"，如图 3-4-10 所示。执行 Place →⬜ Polygon Pour... 命令，层选择"Top Layer"，链接到网络选择"GND"，如图 3-4-11 所示。底层铜皮形状如图 3-4-12 所示，顶层铜皮形状如图 3-4-13 所示。

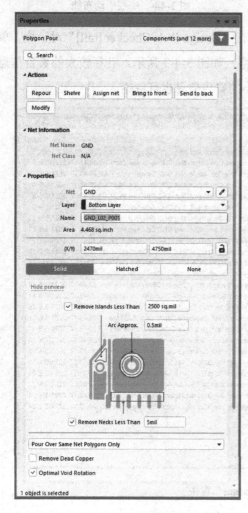

图 3-4-10　底层铜皮参数

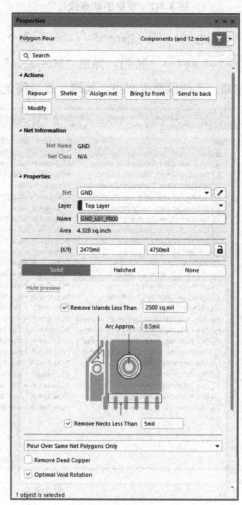

图 3-4-11　顶层铜皮参数

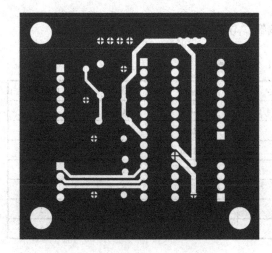
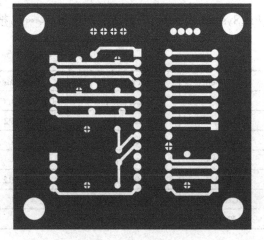

图 3-4-12　底层铜皮形状　　　　　　　　图 3-4-13　顶层铜皮形状

3.5　文件输出

3.5.1　装配图

执行 File → Assembly Outputs → Assembly Drawings 命令，弹出 "Preview Assembly Drawings of [PICSystem.PcbDoc]" 对话框，单击 [Print...] 按钮，即可将装配图输出。装配图的顶层如图 3-5-1 所示，装配图的底层如图 3-5-2 所示。

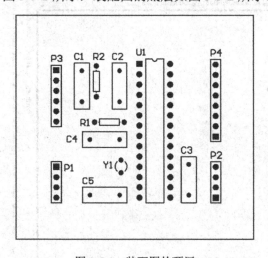
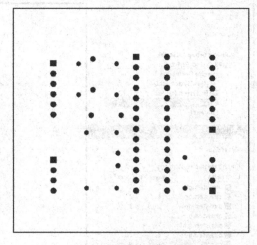

图 3-5-1　装配图的顶层　　　　　　　　图 3-5-2　装配图的底层

3.5.2　BOM 表

执行 Reports → Bill of Materials 命令，弹出 "Bill of Materials for PCB Document

[PICSystem.PcbDoc]"对话框，单击 Export... 按钮，导出 BOM 表，如表 3-5-1 所示。

表 3-5-1　BOM 表

Comment	Description	Designator	Footprint	LibRef	Quantity
Cap	Capacitor	C1, C2, C3, C4, C5	RAD-0.3	Cap	5
Header 4	Header, 4-Pin	P1, P2	HDR1X4	Header 4	2
Header 6	Header, 6-Pin	P3	HDR1X6	Header 6	1
Header 8	Header, 8-Pin	P4	HDR1X8	Header 8	1
Res1	Resistor	R1, R2	AXIAL-0.3	Res1	2
PIC18F2580	PIC18F2580	U1	DIP28	PIC18F2580	1
8MHz	Crystal Oscillator	Y1	R38	XTAL	1

3.5.3　Gerber 文件

执行 File → Fabrication Outputs → Gerber Files 命令，弹出"Gerber Setup"对话框，参考 2.5.3 节进行参数设置。

单击"Gerber Setup"对话框中的 OK 按钮，即可将 Gerber 文件输出，如图 3-5-3 所示。

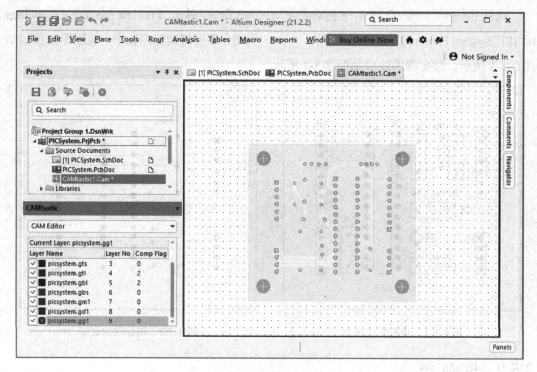

图 3-5-3　Gerber 文件输出后

小提示

◎读者可自行查看各层情况。

3.5.4　钻孔文件

执行 File → Fabrication Outputs → NC Drill Files 命令，弹出"NC Drill Setup"对话框，参数设置如图 3-5-4 所示。单击 OK 按钮，即可输出钻孔文件，如图 3-5-5 所示。

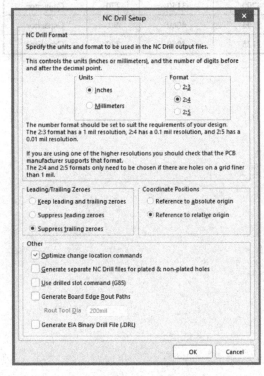

图 3-5-4　"NC Drill Setup"对话框

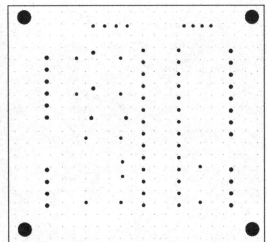

图 3-5-5　钻孔文件

3.5.5　坐标图文件

执行 File → Assembly Outputs → Generates pick and place files 命令，弹出"Pick and Place Setup"对话框，单击 OK 按钮，即可输出坐标图文件，如表 3-5-2 所示。

表 3-5-2　坐标图文件

Designator	Comment	Layer	Footprint	Center-X(mil)	Center-Y(mil)	Rotation	Description
U1	PIC18F2580	TopLayer	DIP28	3860.5	3626.064	0	PIC18F2580
Y1	8MHz	TopLayer	R38	3518.976	3280	0	Crystal Oscillator
R2	Res1	TopLayer	AXIAL-0.3	3270	4107.378	270	Resistor

Designator	Comment	Layer	Footprint	Center-X(mil)	Center-Y(mil)	Rotation	Description
R1	Res1	TopLayer	AXIAL-0.3	3402.378	3710	360	Resistor
P4	Header 8	TopLayer	HDR1X8	4470	3920	90	Header, 8-Pin
P3	Header 6	TopLayer	HDR1X6	2870	3965	270	Header, 6-Pin
P2	Header 4	TopLayer	HDR1X4	4470	3125	90	Header, 4-Pin
P1	Header 4	TopLayer	HDR1X4	2870	3125	270	Header, 4-Pin
C5	Cap	TopLayer	RAD-0.3	3355	3000	360	Capacitor
C4	Cap	TopLayer	RAD-0.3	3355	3540	360	Capacitor
C3	Cap	TopLayer	RAD-0.3	4200	3150	270	Capacitor
C2	Cap	TopLayer	RAD-0.3	3505	4060	90	Capacitor
C1	Cap	TopLayer	RAD-0.3	3125	4060	270	Capacitor

第 4 章　ATMEGA 单片机最小系统 PCB 绘制

4.1　新建工程

新建 ATMEGA 单片机最小系统 PCB 设计工程项目，依次打开文件夹，即选择"开始"→"所有程序"→"Altium"选项，由于操作系统不同，所以快捷方式的位置可能会略有变化。单击 ◢ Altium Designer 图标，启动 Altium Designer 软件。

执行 File → New → Project... 命令，弹出"Create Project"对话框，Project Type 选择 PCB 子菜单下的"<Empty>"，将 Project Name 命名为"ATMEGASystem"，Folder 存储路径选择"G:\book\玩转电子设计\Altium Designer\project\4"，单击 Create 按钮，即可完成新建工程项目。将原理图图纸加入主窗口中，并将其命名为"ATMEGASystem.SchDoc"；将 PCB 图纸加入主窗口中，并将其命名为"ATMEGASystem.PcbDoc"。将原理图元件库加入主窗口中，并将其命名为"ATMEGASystem.SchLib"；将 PCB 元件库加入主窗口中，并将其命名为"ATMEGASystem.PCBLib"。

原理图图纸、PCB 图纸、原理图元件库、PCB 元件库添加完毕后，ATMEGA 单片机最小系统 PCB 设计工程项目如图 4-1-1 所示。

Altium Designer 软件中的元件库并不包含本例要使用的所有元件，因此，需要自行绘制所需元件的原理图元件库和 PCB 元件库。

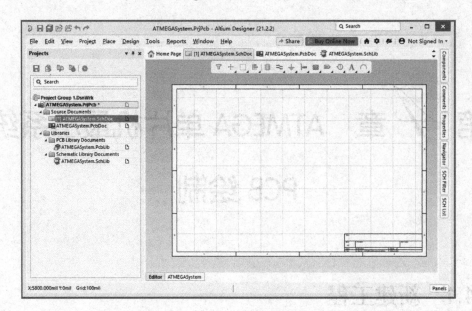

图 4-1-1　ATMEGA 单片机最小系统 PCB 设计工程项目

4.2　元件库绘制

这里需要绘制 ATmega168 单片机元件库。

切换至"ATMEGASystem.SchLib"原理图元件库绘制界面，在绘制 ATmega168 单片机原理图元件库时，需要根据 ATmega168 单片机的各个引脚进行编辑。ATmega168 单片机引脚图如图 4-2-1 所示。

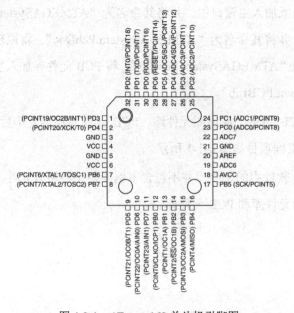

图 4-2-1　ATmega168 单片机引脚图

执行 Place → □ Rectangle 命令，将矩形放置在图纸上。双击刚刚放置的矩形，弹出"Properties"窗格，调节矩形的位置、高度和宽度，具体参数设置如图 4-2-2 所示。

执行 Place → ┘ Pin 命令，在矩形左侧共放置 8 个引脚，从上至下依次将引脚标识修改为"1""2""3""4""5""6""7""8"，从上至下依次将引脚名称修改为"PD3""PD4""GND""VCC""GND""VCC""PB6""PB7"。

执行 Place → ┘ Pin 命令，在矩形底端共放置 8 个引脚，从左至右依次将引脚标识修改为"9""10""11""12""13""14""15""16"，从左至右依次将引脚名称修改为"PD5""PD6""PD7""PB0""PB1""PB2""PB3""PB4"。

执行 Place → ┘ Pin 命令，在矩形右侧共放置 8 个引脚，从下至上依次将引脚标识修改为"17""18""19""20""21""22""23""24"，从下至上依次将引脚名称修改为"PB5""AVCC""ADC6""AREF""GND""ADC7""PC0""PC1"。

执行 Place → ┘ Pin 命令，在矩形上侧共放置 8 个引脚，从右至左依次将引脚标识修改为"25""26""27""28""29""30""31""32"，从右至左依次将引脚名称修改为"PC2""PC3""PC4""PC5""PC6""PD0""PD1""PD2"。引脚放置完毕后，如图 4-2-3 所示。

图 4-2-2　具体参数设置

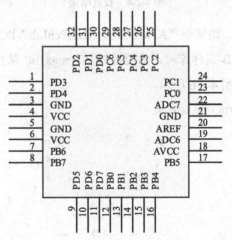

图 4-2-3　引脚放置完毕后

双击"SCH Library"窗格中的 ▯ Component_1 选项，弹出"Properties"窗格，修改元件名称等参数，结果如图 4-2-4 所示。

至此，ATmega168 原理图元件库绘制完毕，如图 4-2-5 所示。

🐷 小提示

◎ 只有将 ATmega168 原理图元件库放置在原理图图纸上，才会出现"U?"和"ATmega168"。

图 4-2-4 设置结果

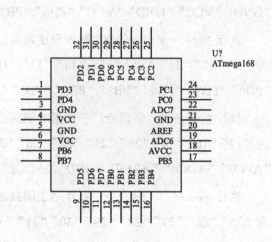

图 4-2-5 ATmega168 原理图元件库

切换至"ATMEGASystem.PcbLib"PCB 元件库绘制界面，在绘制 ATmega168 单片机 PCB 元件库时，需要根据 ATmega168 单片机封装尺寸进行。ATmega168 单片机封装尺寸 如图 4-2-6 所示。

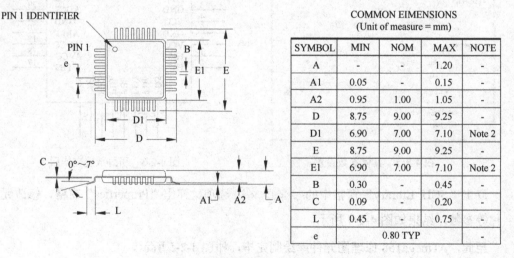

SYMBOL	MIN	NOM	MAX	NOTE
A	-	-	1.20	-
A1	0.05	-	0.15	-
A2	0.95	1.00	1.05	-
D	8.75	9.00	9.25	-
D1	6.90	7.00	7.10	Note 2
E	8.75	9.00	9.25	-
E1	6.90	7.00	7.10	Note 2
B	0.30	-	0.45	-
C	0.09	-	0.20	-
L	0.45	-	0.75	-
e	0.80 TYP			

COMMON EIMENSIONS (Unit of measure = mm)

图 4-2-6 ATmega168 单片机封装尺寸

执行 Tools → Footprint Wizard... 命令，弹出"Footprint Wizard"对话框，单击 Next 按钮， 弹出"Page Instructions"界面，选择"Quad Packs(QUAD)"选项，将单位设置为"mil"， 如图 4-2-7 所示。

单击 Next 按钮，弹出"Define the pads dimensions"界面，将焊盘形状设置为矩形，高设置为"11mil"，宽设置为"26mil"，如图 4-2-8 所示。

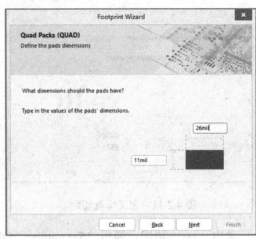

图 4-2-7　定义封装类型　　　　　　　　　图 4-2-8　定义焊盘尺寸

单击 Next 按钮，弹出"Define the pads shape"界面，将第 1 个焊盘设置为矩形，其余焊盘也设置为矩形，如图 4-2-9 所示。

单击 Next 按钮，弹出"Define the outline width"界面，将外形轮廓线的宽度设置为"10mil"，如图 4-2-10 所示。

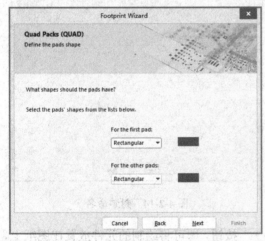

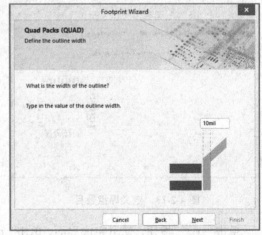

图 4-2-9　定义焊盘形状　　　　　　　　　图 4-2-10　定义外形轮廓线的宽度

单击 Next 按钮，弹出"Define the pads layout"界面，将焊盘间距设置为"20mil"，如图 4-2-11 所示。

单击 Next 按钮，弹出"Set the pads naming style"界面，选择左上角的焊盘为起始焊盘，如图 4-2-12 所示。

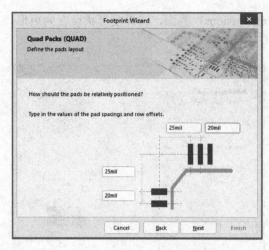

图 4-2-11　定义焊盘间距

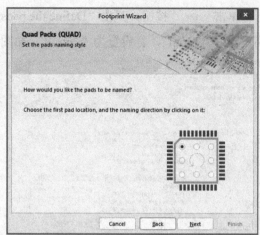

图 4-2-12　定义焊盘放置顺序

单击 Next 按钮，弹出"Set number of the pads"界面，将上方焊盘数目设置为"8"，左侧焊盘数目也设置为"8"，如图 4-2-13 所示。

单击 Next 按钮，弹出"Set the component name"界面，将封装命名为"Quad32"，如图 4-2-14 所示。

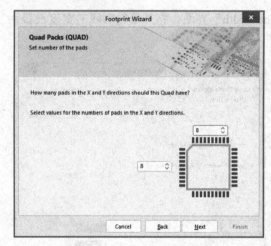

图 4-2-13　定义焊盘数目

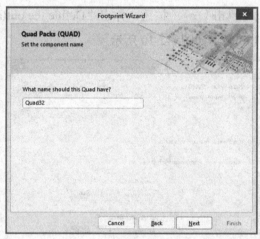

图 4-2-14　封装命名

单击 Next 按钮，弹出完成界面，单击 Finish 按钮，即可将绘制的元件放置在图纸上，如图 4-2-15 所示。

需要将 ATmega168 单片机 PCB 元件库中的 Quad32 封装加载到 ATmega168 单片机原理图元件库中，参照 2.2.1 节中的方法即可。至此，ATmega168 单片机元件库绘制完毕。

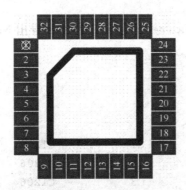

图 4-2-15　ATmega168 单片机 PCB 元件库

4.3　原理图绘制

切换至"ATMEGASystem.SchDoc"原理图绘制界面，可绘制 ATmega168 单片机最小系统电路原理图，如图 4-3-1 所示，主要由 ATmega168 单片机、电阻、电容、排针和晶振组成。其中，排针 P1～P3 和排针 P5 的主要作用是将 ATmega168 单片机的 I/O 引脚引出，方便连接外设。

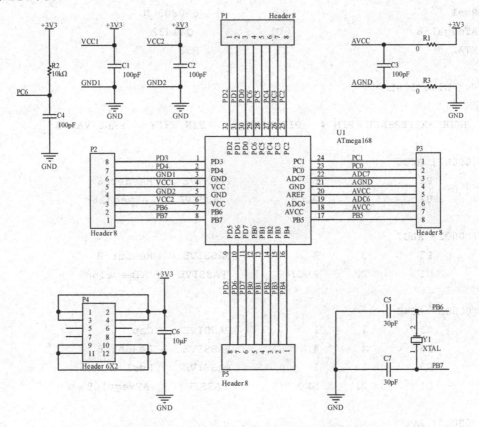

图 4-3-1　ATmega168 单片机最小系统电路原理图

执行 Design → Netlist For Document → WireList 命令，导出 Netlist，可以显示出各元件的连接情况。Netlist 如下：

```
Wire List


<<< Component List >>>
Cap                        C1           C1206
Cap                        C2           C1206
Cap                        C3           C1206
Cap                        C4           C1206
Cap                        C5           C1206
Cap                        C6           C1206
Cap                        C7           C1206
Header 8                   P1           HDR1X8
Header 8                   P2           HDR1X8
Header 8                   P3           HDR1X8
Header 6X2                 P4           HDR2X6
Header 8                   P5           HDR1X8
Res1                       R1           6-0805_N
Res1                       R2           6-0805_N
Res1                       R3           6-0805_N
ATmega168                  U1           Quad32
XTAL                       Y1           R38


<<< Wire List >>>

  NODE  REFERENCE  PIN #   PIN NAME      PIN TYPE    PART VALUE

[00001] ADC6
      P3          6        6             PASSIVE    Header 8
      U1          19       ADC6          PASSIVE    ATmega168

[00002] ADC7
      P3          3        3             PASSIVE    Header 8
      U1          22       ADC7          PASSIVE    ATmega168

[00003] AGND
      C3          1        1             PASSIVE    Cap
      P3          4        4             PASSIVE    Header 8
      R3          1        1             PASSIVE    Res1
      U1          21       GND           PASSIVE    ATmega168

[00004] AVCC
```

C3	2	2	PASSIVE	Cap
P3	5	5	PASSIVE	Header 8
P3	7	7	PASSIVE	Header 8
R1	1	1	PASSIVE	Res1
U1	18	AVCC	PASSIVE	ATmega168
U1	20	AREF	PASSIVE	ATmega168

[00005] GND1

C1	1	1	PASSIVE	Cap
C2	1	1	PASSIVE	Cap
C4	1	1	PASSIVE	Cap
C5	2	2	PASSIVE	Cap
C6	1	1	PASSIVE	Cap
C7	2	2	PASSIVE	Cap
P2	4	4	PASSIVE	Header 8
P2	6	6	PASSIVE	Header 8
P4	9	9	PASSIVE	Header 6X2
P4	10	10	PASSIVE	Header 6X2
P4	11	11	PASSIVE	Header 6X2
P4	12	12	PASSIVE	Header 6X2
R3	2	2	PASSIVE	Res1
U1	3	GND	PASSIVE	ATmega168
U1	5	GND	PASSIVE	ATmega168

[00010] PB0

P5	5	5	PASSIVE	Header 8
U1	12	PB0	PASSIVE	ATmega168

[00011] PB1

P5	4	4	PASSIVE	Header 8
U1	13	PB1	PASSIVE	ATmega168

[00012] PB2

P5	3	3	PASSIVE	Header 8
U1	14	PB2	PASSIVE	ATmega168

[00013] PB3

P5	2	2	PASSIVE	Header 8
U1	15	PB3	PASSIVE	ATmega168

[00014] PB4

P5	1	1	PASSIVE	Header 8
U1	16	PB4	PASSIVE	ATmega168

[00015] PB5

P3	8	8	PASSIVE	Header 8
U1	17	PB5	PASSIVE	ATmega168

[00016] PB6

C5	1	1	PASSIVE	Cap
P2	2	2	PASSIVE	Header 8
U1	7	PB6	PASSIVE	ATmega168
Y1	2	OSC2	PASSIVE	XTAL

[00017] PB7

C7	1	1	PASSIVE	Cap
P2	1	1	PASSIVE	Header 8
U1	8	PB7	PASSIVE	ATmega168
Y1	1	OSC1	PASSIVE	XTAL

[00018] PC0

P3	2	2	PASSIVE	Header 8
U1	23	PC0	PASSIVE	ATmega168

[00019] PC1

P3	1	1	PASSIVE	Header 8
U1	24	PC1	PASSIVE	ATmega168

[00020] PC2

P1	8	8	PASSIVE	Header 8
U1	25	PC2	PASSIVE	ATmega168

[00021] PC3

P1	7	7	PASSIVE	Header 8
U1	26	PC3	PASSIVE	ATmega168

[00022] PC4

P1	6	6	PASSIVE	Header 8
U1	27	PC4	PASSIVE	ATmega168

[00023] PC5

P1	5	5	PASSIVE	Header 8
U1	28	PC5	PASSIVE	ATmega168

[00024] PC6

C4	2	2	PASSIVE	Cap

P1	4	4	PASSIVE	Header 8
R2	1	1	PASSIVE	Res1
U1	29	PC6	PASSIVE	ATmega168

[00025] PD0

P1	3	3	PASSIVE	Header 8
U1	30	PD0	PASSIVE	ATmega168

[00026] PD1

P1	2	2	PASSIVE	Header 8
U1	31	PD1	PASSIVE	ATmega168

[00027] PD2

P1	1	1	PASSIVE	Header 8
U1	32	PD2	PASSIVE	ATmega168

[00028] PD3

P2	8	8	PASSIVE	Header 8
U1	1	PD3	PASSIVE	ATmega168

[00029] PD4

P2	7	7	PASSIVE	Header 8
U1	2	PD4	PASSIVE	ATmega168

[00030] PD5

P5	8	8	PASSIVE	Header 8
U1	9	PD5	PASSIVE	ATmega168

[00031] PD6

P5	7	7	PASSIVE	Header 8
U1	10	PD6	PASSIVE	ATmega168

[00032] PD7

P5	6	6	PASSIVE	Header 8
U1	11	PD7	PASSIVE	ATmega168

[00033] VCC1

C1	2	2	PASSIVE	Cap
C2	2	2	PASSIVE	Cap
C6	2	2	PASSIVE	Cap
P2	3	3	PASSIVE	Header 8
P2	5	5	PASSIVE	Header 8
P4	1	1	PASSIVE	Header 6X2
P4	2	2	PASSIVE	Header 6X2

P4	3	3	PASSIVE	Header 6X2
P4	4	4	PASSIVE	Header 6X2
R1	2	2	PASSIVE	Res1
R2	2	2	PASSIVE	Res1
U1	4	VCC	PASSIVE	ATmega168
U1	6	VCC	PASSIVE	ATmega168

4.4 PCB 绘制

4.4.1 布局

执行 Design → Update Schematics in ATMEGASystem.PrjPcb 命令，弹出"Engineering Change Order"对话框。单击 Validate Changes 按钮，全部完成检测；单击 Execute Changes 按钮，即可完成更改；单击 Close 按钮，即可将元件封装导入 PCB 中。

将 ATMEG 单片机最小系统电路中的元件封装放置在 PCB 图纸中央，晶振电路相关元件和复位电路相关元件尽量放置在 ATmega168 单片机的附近，初步布局如图 4-4-1 所示。对整体布局进行微调，适当调节元件间距，使元件可以沿某一方向对齐，如图 4-4-2 所示。

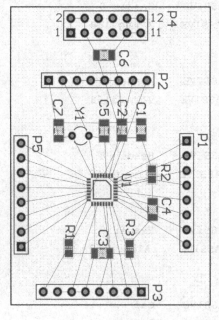

图 4-4-1 初步布局

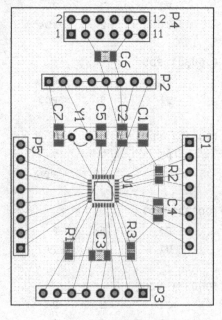

图 4-4-2 调整布局

适当规划版型并放置 4 个过孔，以方便安装。过孔大小和位置并无特殊要求，合理即可。放置完毕后，元件布局如图 4-4-3 所示，三维视图如图 4-4-4 所示。

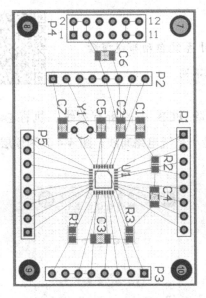

图 4-4-3 元件布局

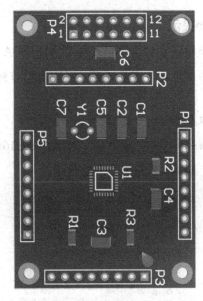

图 4-4-4 三维视图

4.4.2 布线

执行 Design → Rules... 命令，弹出"PCB Rules and Constraints Editor[mil]"对话框，对布线规则进行设定，设置方法参考 2.4.2 节。本节将信号线线宽设置为"10mil"，电源线线宽设置为"20mil"，地线线宽设置为"30mil"。

完成布线规则设置后，执行 Route → Auto Route → 〦 All... 命令，弹出"Situs Routing Strategies"对话框，单击 Route All 按钮，等待一段时间，自动布线自动停止。顶层自动布线如图 4-4-5 所示，底层自动布线如图 4-4-6 所示。可以观察到，与 U1 相关的网络并未布线。

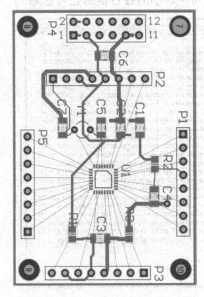

图 4-4-5 顶层自动布线

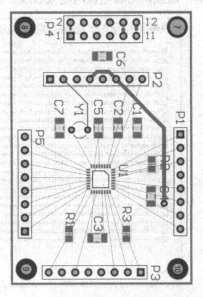

图 4-4-6 底层自动布线

📖 小提示

◎扫描右侧二维码可观看 ATMEGA 单片机最小系统自动布线视频。

◎因为元件布局不同，所以自动布线的结果也不同。

执行 Route → Un-Route → All 命令，取消并删除 PCB 中的所有布线。执行 Place → Interactive Routing 命令，为 ATmega168 单片机最小系统电路布线。图 4-4-7 为顶层手动布线，图 4-4-8 为底层手动布线。

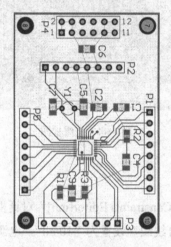

图 4-4-7　顶层手动布线

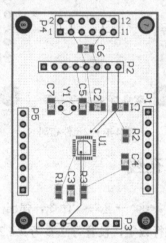

图 4-4-8　底层手动布线

执行 Tools → Design Rule Check... 命令，弹出 "Design Rule Checker [mil]" 对话框。单击 Run Design Rule Check... 按钮，弹出 "Messages" 窗格，如图 4-4-9 所示，孔径较大的警告信息可忽略，地线网络和电源网络未布线、丝印与焊盘间距较小的警告信息也可忽略。

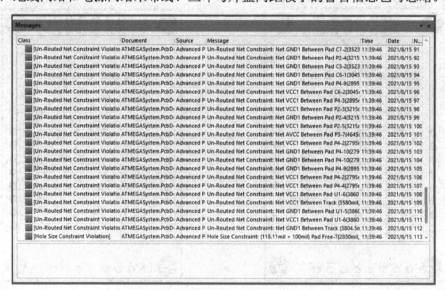

图 4-4-9　"Messages" 窗格

小提示

◎地线网络将采用敷铜的形式进行连接。

◎电源网络也将采用敷铜的形式进行连接。

4.4.3　敷铜

需要为"VCC1"网络敷铜。执行 Place → ▢ Polygon Pour... 命令，层选择"Top Layer"，链接到网络选择"VCC1"，如图 4-4-10 所示，此时的铜皮形状如图 4-4-11 所示。

图 4-4-10　铜皮参数 1

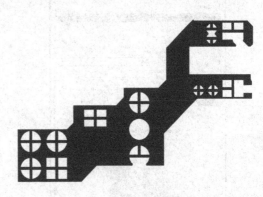

图 4-4-11　铜皮形状 1

执行 Place → ▢ Polygon Pour... 命令，层选择"Bottom Layer"，链接到网络选择"VCC1"，如图 4-4-12 所示，此时的铜皮形状如图 4-4-13 所示。

需要为"GND"网络敷铜。执行 Place → ▢ Polygon Pour... 命令，层选择"Bottom Layer"，链接到网络选择"GND1"，如图 4-4-14 所示。执行 Place → ▢ Polygon Pour... 命令，层选择"Top Layer"，链接到网络选择"GND1"，如图 4-4-15 所示。底层铜皮形状如图 4-4-16 所示，顶层铜皮形状如图 4-4-17 所示。

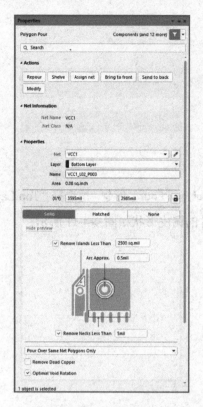

图 4-4-12　铜皮参数 2

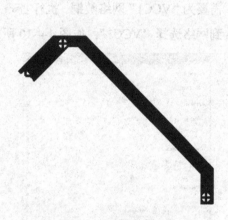

图 4-4-13　铜皮形状 2

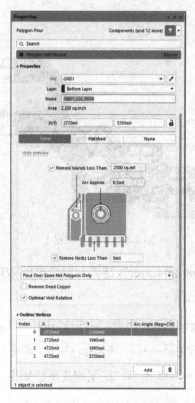

图 4-4-14　底层铜皮参数

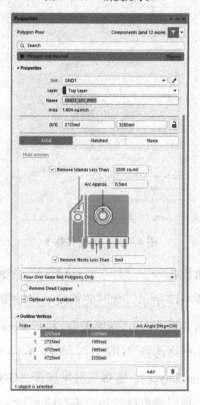

图 4-4-15　顶层铜皮参数

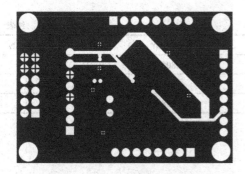

图 4-4-16　底层铜皮形状

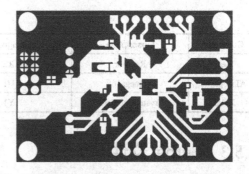

图 4-4-17　顶层铜皮形状

4.5　文件输出

4.5.1　装配图

执行 File → Assembly Outputs → Assembly Drawings 命令，弹出"Preview Assembly Drawings of [ATMEGASystem.PcbDoc]"对话框，单击 Print... 按钮，即可将装配图输出。装配图的顶层如图 4-5-1 所示，装配图的底层如图 4-5-2 所示。

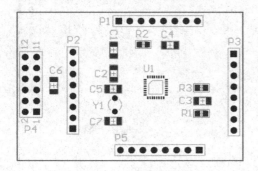

图 4-5-1　装配图的顶层

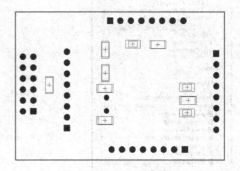

图 4-5-2　装配图的底层

4.5.2　BOM 表

执行 Reports → Bill of Materials 命令，弹出"Bill of Materials for PCB Document [PICSystem.PcbDoc]"对话框，单击 Export... 按钮，导出 BOM 表，如表 4-5-1 所示。

表 4-5-1　BOM 表

Comment	Description	Designator	Footprint	LibRef	Quantity
Cap	Capacitor	C1, C2, C3, C4, C5, C6, C7	C1206	Cap	7
Header 8	Header, 8-Pin	P1, P2, P3, P5	HDR1X8	Header 8	4
Header 6X2	Header, 6-Pin, Dual row	P4	HDR2X6	Header 6X2	1

续表

Comment	Description	Designator	Footprint	LibRef	Quantity
Res1	Resistor	R1, R2, R3	6-0805_N	Res1	3
ATmega168	ATmega168	U1	Quad32	ATmega168	1
XTAL	Crystal Oscillator	Y1	R38	XTAL	1

4.5.3　Gerber 文件

执行 File → Fabrication Outputs → Gerber Files 命令，弹出"Gerber Setup"对话框，参考 2.5.3 节进行参数设置。

单击"Gerber Setup"对话框中的 OK 按钮，即可将 Gerber 文件输出，如图 4-5-3 所示。

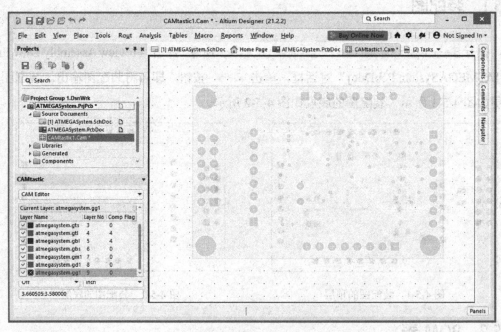

图 4-5-3　Gerber 文件输出后

小提示

◎读者可自行查看各层情况。

4.5.4　钻孔文件

执行 File → Fabrication Outputs → NC Drill Files 命令，弹出"NC Drill Setup"对话框，参数设置如图 4-5-4 所示。单击 OK 按钮，即可输出钻孔文件，如图 4-5-5 所示。

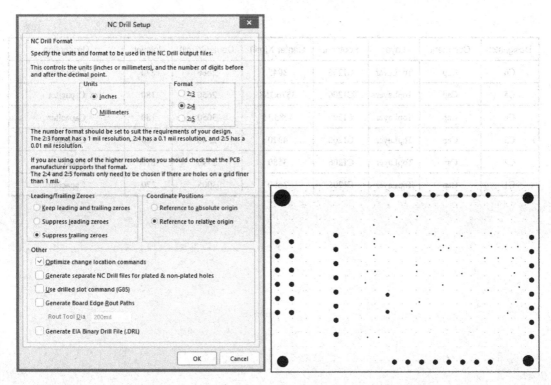

图 4-5-4　"NC Drill Setup" 对话框　　　　　图 4-5-5　钻孔文件

4.5.5　坐标图文件

执行 File → Assembly Outputs → Generates pick and place files 命令，弹出 "Pick and Place Setup" 对话框，单击 OK 按钮，即可输出坐标图文件，如表 4-5-2 所示。

表 4-5-2　坐标图文件

Designator	Comment	Layer	Footprint	Center-X(mil)	Center-Y(mil)	Rotation	Description
Y1	XTAL	TopLayer	R38	3590	2505	180	Crystal Oscillator
U1	ATmega168	TopLayer	Quad32	3955	2665	0	ATmega168
R3	Res1	TopLayer	6-0805_N	4359.999	2660	180	Resistor
R2	Res1	TopLayer	6-0805_N	3845	3055.906	180	Resistor
R1	Res1	TopLayer	6-0805_N	4360.001	2425	360	Resistor
P5	Header 8	TopLayer	HDR1X8	3990	2090	180	Header, 8-Pin
P4	Header 6X2	TopLayer	HDR2X6	2845	2690	90	Header, 6-Pin, Dual row
P3	Header 8	TopLayer	HDR1X8	4645	2620	270	Header, 8-Pin
P2	Header 8	TopLayer	HDR1X8	3215	2635	90	Header, 8-Pin
P1	Header 8	TopLayer	HDR1X8	3975	3270	360	Header, 8-Pin
C7	Cap	TopLayer	C1206	3576.158	2355	180	Capacitor

续表

Designator	Comment	Layer	Footprint	Center-X(mil)	Center-Y(mil)	Rotation	Description
C6	Cap	TopLayer	C1206	3045	2680	270	Capacitor
C5	Cap	TopLayer	C1206	3576.158	2650	180	Capacitor
C4	Cap	TopLayer	C1206	4083.15	3050	180	Capacitor
C3	Cap	TopLayer	C1206	4370	2540	180	Capacitor
C2	Cap	TopLayer	C1206	3580	2790	270	Capacitor
C1	Cap	TopLayer	C1206	3580	3005	270	Capacitor

第 5 章 电源电路 PCB 绘制

5.1 新建工程

新建电源电路 PCB 设计工程项目，依次打开文件夹，即选择"开始"→"所有程序"→"Altium"选项，由于操作系统不同，所以快捷方式的位置可能会略有变化。单击 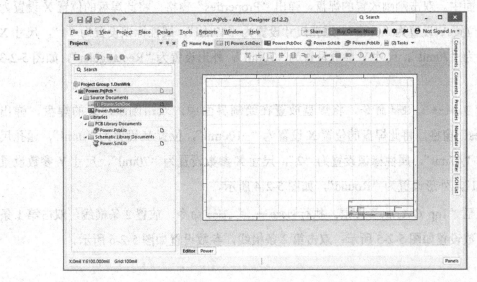Altium Designer 图标，启动 Altium Designer 软件。

执行 File → New → Project... 命令，弹出"Create Project"对话框，Project Type 选择 PCB 子菜单下的"<Empty>"，将 Project Name 命名为"Power"，Folder 存储路径选择"G:\book\玩转电子设计\Altium Designer\project\5"，单击 Create 按钮，即可完成新建工程项目。将原理图图纸加入主窗口中，并将其命名为"Power.SchDoc"；将 PCB 图纸加入主窗口中，并将其命名为"Power.PcbDoc"。将原理图元件库加入主窗口中，并将其命名为"Power.SchLib"；将 PCB 元件库加入主窗口中，并将其命名为"Power.PCBLib"。

原理图图纸、PCB 图纸、原理图元件库、PCB 元件库添加完毕后，电源电路 PCB 设计工程项目如图 5-1-1 所示。

图 5-1-1 电源电路 PCB 设计工程项目

Altium Designer 软件中的元件库并不包含本例要使用的所有元件，因此，需要自行绘制所需元件的原理图元件库和 PCB 元件库。

5.2 元件库绘制

5.2.1 接线端子元件库

接线端子原理图元件库可以选用 Altium Designer 软件中自带的排针原理图元件库，如图 5-2-1 所示，可不必自行绘制。在绘制接线端子 PCB 元件库时，需要根据接线端子封装尺寸进行。接线端子封装尺寸如图 5-2-2 所示。

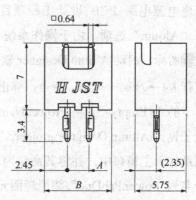

图 5-2-1 接线端子原理图元件库   图 5-2-2 接线端子封装尺寸

切换至"Power.PcbLib"PCB 元件库绘制界面，执行 Place → ◎ Pad 命令，将焊盘放置在绘制界面中。双击刚刚放置的焊盘，弹出"Properties"窗格，将此焊盘的位置 X 设置为"0mil"，位置 Y 设置为"0mil"，通孔尺寸设置为"47mil"，属性标识设置为"1"，尺寸 X 参数设置为"70mil"，尺寸 Y 参数设置为"70mil"，外形设置为"Rectangular"，如图 5-2-3 所示。

执行 Place → ◎ Pad 命令，将焊盘放置在绘制界面中。双击刚刚放置的焊盘，弹出"Properties"窗格，将此焊盘的位置 X 设置为"-100mil"，位置 Y 设置为"0mil"，通孔尺寸设置为"47mil"，属性标识设置为"2"，尺寸 X 参数设置为"70mil"，尺寸 Y 参数设置为"70mil"，外形设置为"Round"，如图 5-2-4 所示。

切换至"Top Overlay"图层，执行 Place → ╱ Line 命令，放置 2 条横线，双击第 1 条横线，参数设置如图 5-2-5 所示；双击第 2 条横线，参数设置如图 5-2-6 所示。

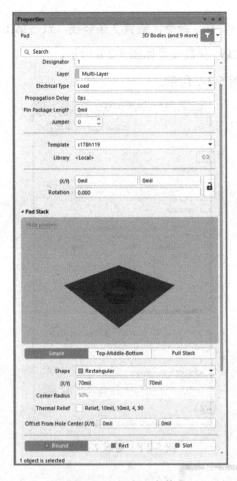

图 5-2-3　焊盘 1 参数　　　　　　　　　　图 5-2-4　焊盘 2 参数

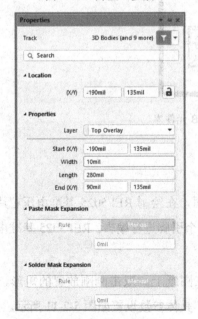

图 5-2-5　横线 1 参数　　　　　　　　　　图 5-2-6　横线 2 参数

切换至 "Top Overlay" 图层，执行 Place → ╱ Line 命令，放置 2 条竖线，双击第 1 条竖线，参数设置如图 5-2-7 所示；双击第 2 条竖线，参数设置如图 5-2-8 所示。

至此，接线端子 PCB 元件库绘制完毕，如图 5-2-9 所示。

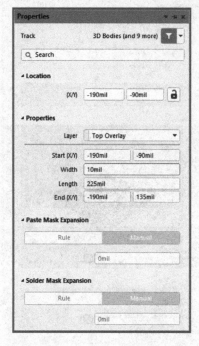

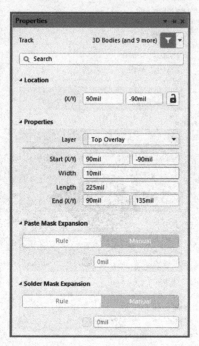

图 5-2-7　竖线 1 参数　　　　　　　　　图 5-2-8　竖线 2 参数

图 5-2-9　接线端子 PCB 元件库

5.2.2　REF5025 基准电压芯片元件库

切换至 "Power.SchLib" 原理图元件库绘制界面，在绘制 REF5025 基准电压芯片原理图元件库时，需要根据 REF5025 基准电压芯片的各个引脚进行编辑。REF5025 基准电压芯片引脚图如图 5-2-10 所示。

执行 Place → ▢ Rectangle 命令，将矩形放置在图纸上。双击刚刚放置的矩形，弹出 "Properties" 窗格，调节矩形的位置、高度和宽度，具体参数设置如图 5-2-11 所示。

执行 Place → ◦ Pin 命令，在矩形左侧共放置 4 个引脚，从上至下依次将引脚标识修改

为 "1" "2" "3" "4"，从上至下依次将引脚名称修改为 "DNC" "VIN" "TEMP" "GND"。

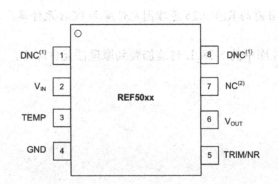

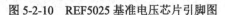

图 5-2-10　REF5025 基准电压芯片引脚图

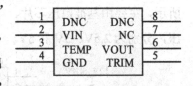

图 5-2-11　具体参数设置

执行 Place → Pin 命令，在矩形右侧共放置 4 个引脚，从下至上依次将引脚标识修改为 "5" "6" "7" "8"，从下至上依次将引脚名称修改为 "TRIM" "VOUT" "NC" "DNC"。引脚放置完毕后，如图 5-2-12 所示。

双击 "SCH Library" 窗格中的 Component_1 选项，弹出 "Properties" 窗格，修改元件名称等参数，结果如图 5-2-13 所示。

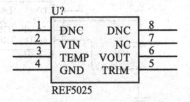

图 5-2-12　引脚放置完毕后

至此，REF5025 基准电压芯片原理图元件库绘制完毕，如图 5-2-14 所示。

REF5025 基准电压芯片 PCB 元件库可以使用 Altium Designer 软件中的自带封装，如图 5-2-15 所示。

图 5-2-13　设置结果

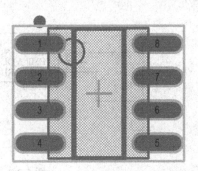

图 5-2-14　REF5025 基准电压芯片原理图元件库

图 5-2-15　REF5025 基准电压芯片 PCB 元件库

⬚ 小提示

◎其他 REF50xx 基准电压芯片也可使用当前的 REF5025 原理图元件库和 PCB 元件库。

需要将 REF5025 基准电压芯片 PCB 元件库中的 SO8_L 封装加载到原理图元件库中，参照 2.2.1 节中的方法即可。

↘5.3 原理图绘制

5.3.1 基准电压电路

切换至"Power.SchDoc"原理图绘制界面，可绘制参考电压电路原理图，如图 5-3-1 所示，主要由基准电压芯片、电容和排针组成。本例中的基准电压电路共可有 3 路基准电压，分别为 2.5V、3V 和 5V。

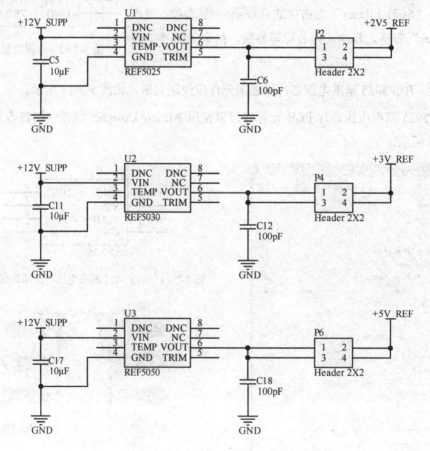

图 5-3-1 参考电压电路原理图

5.3.2 电源电路

电源电路如图 5-3-2 所示，主要由稳压芯片、发光二极管、电阻、电容和排针组成。
本例中的基准电压电路可有 3 路基准电压电路和 1 路电源电路，其中 3 路基准电压电路分
别为 12V、3.3V 和 5V。

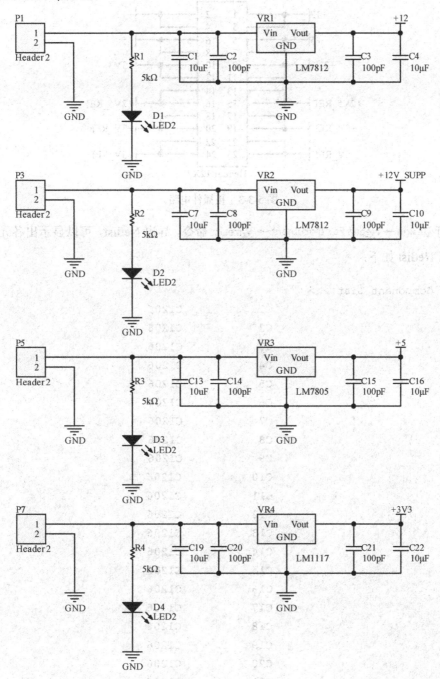

图 5-3-2 电源电路

5.3.3 接插件电路

接插件电路如图 5-3-3 所示，主要由排针组成，主要功能是将各路电源电路网络和基准电压电路网络引出，方便扩展使用。

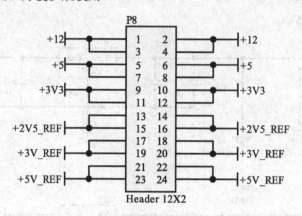

图 5-3-3 接插件电路

执行 Design → Netlist For Document → WireList 命令，导出 Netlist，可以显示出各元件的连接情况。Netlist 如下：

```
<<< Component List >>>
Cap                    C1              C1206
Cap                    C2              C1206
Cap                    C3              C1206
Cap                    C4              C1206
Cap                    C5              C1206
Cap                    C6              C1206
Cap                    C7              C1206
Cap                    C8              C1206
Cap                    C9              C1206
Cap                    C10             C1206
Cap                    C11             C1206
Cap                    C12             C1206
Cap                    C13             C1206
Cap                    C14             C1206
Cap                    C15             C1206
Cap                    C16             C1206
Cap                    C17             C1206
Cap                    C18             C1206
Cap                    C19             C1206
Cap                    C20             C1206
Cap                    C21             C1206
Cap                    C22             C1206
```

```
LED2                         D1            3.5X2.8X1.9
LED2                         D2            3.5X2.8X1.9
LED2                         D3            3.5X2.8X1.9
LED2                         D4            3.5X2.8X1.9
Header 2                     P1            XH-2P
Header 2X2                   P2            HDR2X2
Header 2                     P3            XH-2P
Header 2X2                   P4            HDR2X2
Header 2                     P5            XH-2P
Header 2X2                   P6            HDR2X2
Header 2                     P7            XH-2P
Header 12X2                  P8            HDR2X12
Res1                         R1            6-0805_N
Res1                         R2            6-0805_N
Res1                         R3            6-0805_N
Res1                         R4            6-0805_N
REF5025                      U1            SO8_L
REF5030                      U2            SO8_L
REF5050                      U3            SO8_L
LM7812                       VR1           D2PAK_L
LM7812                       VR2           D2PAK_L
LM7805                       VR3           D2PAK_L
LM1117                       VR4           D2PAK_L

<<< Wire List >>>


   NODE  REFERENCE  PIN #   PIN NAME      PIN TYPE    PART VALUE

[00001] +2V5_REF
       P2      2      2              PASSIVE    Header 2X2
       P2      4      4              PASSIVE    Header 2X2
       P8      13     13             PASSIVE    Header 12X2
       P8      14     14             PASSIVE    Header 12X2
       P8      15     15             PASSIVE    Header 12X2
       P8      16     16             PASSIVE    Header 12X2


[00002] +3V3
       C21     2      2              PASSIVE    Cap
       C22     2      2              PASSIVE    Cap
       P8      9      9              PASSIVE    Header 12X2
       P8      10     10             PASSIVE    Header 12X2
       P8      11     11             PASSIVE    Header 12X2
       P8      12     12             PASSIVE    Header 12X2
       VR4     3      Vout           PASSIVE    LM1117
```

[00003] +3V_REF

P4	2	2	PASSIVE	Header 2X2
P4	4	4	PASSIVE	Header 2X2
P8	17	17	PASSIVE	Header 12X2
P8	18	18	PASSIVE	Header 12X2
P8	19	19	PASSIVE	Header 12X2
P8	20	20	PASSIVE	Header 12X2

[00004] +5

C15	2	2	PASSIVE	Cap
C16	2	2	PASSIVE	Cap
P8	5	5	PASSIVE	Header 12X2
P8	6	6	PASSIVE	Header 12X2
P8	7	7	PASSIVE	Header 12X2
P8	8	8	PASSIVE	Header 12X2
VR3	3	Vout	PASSIVE	LM7805

[00005] +5V_REF

P6	2	2	PASSIVE	Header 2X2
P6	4	4	PASSIVE	Header 2X2
P8	21	21	PASSIVE	Header 12X2
P8	22	22	PASSIVE	Header 12X2
P8	23	23	PASSIVE	Header 12X2
P8	24	24	PASSIVE	Header 12X2

[00006] +12

C3	2	2	PASSIVE	Cap
C4	2	2	PASSIVE	Cap
P8	1	1	PASSIVE	Header 12X2
P8	2	2	PASSIVE	Header 12X2
P8	3	3	PASSIVE	Header 12X2
P8	4	4	PASSIVE	Header 12X2
VR1	3	Vout	PASSIVE	LM7812

[00007] +12V_SUPP

C5	2	2	PASSIVE	Cap
C9	2	2	PASSIVE	Cap
C10	2	2	PASSIVE	Cap
C11	2	2	PASSIVE	Cap
C17	2	2	PASSIVE	Cap
U1	2	VIN	PASSIVE	REF5025
U2	2	VIN	PASSIVE	REF5030
U3	2	VIN	PASSIVE	REF5050

VR2	3	Vout	PASSIVE	LM7812

[00008] GND

C1	1	1	PASSIVE	Cap
C2	1	1	PASSIVE	Cap
C3	1	1	PASSIVE	Cap
C4	1	1	PASSIVE	Cap
C5	1	1	PASSIVE	Cap
C6	1	1	PASSIVE	Cap
C7	1	1	PASSIVE	Cap
C8	1	1	PASSIVE	Cap
C9	1	1	PASSIVE	Cap
C10	1	1	PASSIVE	Cap
C11	1	1	PASSIVE	Cap
C12	1	1	PASSIVE	Cap
C13	1	1	PASSIVE	Cap
C14	1	1	PASSIVE	Cap
C15	1	1	PASSIVE	Cap
C16	1	1	PASSIVE	Cap
C17	1	1	PASSIVE	Cap
C18	1	1	PASSIVE	Cap
C19	1	1	PASSIVE	Cap
C20	1	1	PASSIVE	Cap
C21	1	1	PASSIVE	Cap
C22	1	1	PASSIVE	Cap
D1	2	K	PASSIVE	LED2
D2	2	K	PASSIVE	LED2
D3	2	K	PASSIVE	LED2
D4	2	K	PASSIVE	LED2
P1	2	2	PASSIVE	Header 2
P3	2	2	PASSIVE	Header 2
P5	2	2	PASSIVE	Header 2
P7	2	2	PASSIVE	Header 2
U1	4	GND	PASSIVE	REF5025
U2	4	GND	PASSIVE	REF5030
U3	4	GND	PASSIVE	REF5050
VR1	2	GND	PASSIVE	LM7812
VR2	2	GND	PASSIVE	LM7812
VR3	2	GND	PASSIVE	LM7805
VR4	2	GND	PASSIVE	LM1117

[00009] NetC1_2

C1	2	2	PASSIVE	Cap
C2	2	2	PASSIVE	Cap

P1	1	1	PASSIVE	Header 2
R1	2	2	PASSIVE	Res1
VR1	1	Vin	PASSIVE	LM7812

[00010] NetC6_2

C6	2	2	PASSIVE	Cap
P2	1	1	PASSIVE	Header 2X2
P2	3	3	PASSIVE	Header 2X2
U1	6	VOUT	PASSIVE	REF5025

[00011] NetC7_2

C7	2	2	PASSIVE	Cap
C8	2	2	PASSIVE	Cap
P3	1	1	PASSIVE	Header 2
R2	2	2	PASSIVE	Res1
VR2	1	Vin	PASSIVE	LM7812

[00012] NetC12_2

C12	2	2	PASSIVE	Cap
P4	1	1	PASSIVE	Header 2X2
P4	3	3	PASSIVE	Header 2X2
U2	6	VOUT	PASSIVE	REF5030

[00013] NetC13_2

C13	2	2	PASSIVE	Cap
C14	2	2	PASSIVE	Cap
P5	1	1	PASSIVE	Header 2
R3	2	2	PASSIVE	Res1
VR3	1	Vin	PASSIVE	LM7805

[00014] NetC18_2

C18	2	2	PASSIVE	Cap
P6	1	1	PASSIVE	Header 2X2
P6	3	3	PASSIVE	Header 2X2
U3	6	VOUT	PASSIVE	REF5050

[00015] NetC19_2

C19	2	2	PASSIVE	Cap
C20	2	2	PASSIVE	Cap
P7	1	1	PASSIVE	Header 2
R4	2	2	PASSIVE	Res1
VR4	1	Vin	PASSIVE	LM1117

```
[00016] NetD1_1
        D1          1       A           PASSIVE     LED2
        R1          1       1           PASSIVE     Res1


[00017] NetD2_1
        D2          1       A           PASSIVE     LED2
        R2          1       1           PASSIVE     Res1


[00018] NetD3_1
        D3          1       A           PASSIVE     LED2
        R3          1       1           PASSIVE     Res1


[00019] NetD4_1
        D4          1       A           PASSIVE     LED2
        R4          1       1           PASSIVE     Res1
```

5.4　PCB 绘制

5.4.1　布局

执行 Design → Update Schematics in Power.PrjPcb 命令，弹出 "Engineering Change Order" 对话框。单击 Validate Changes 按钮，全部完成检测；单击 Execute Changes 按钮，即可完成更改；单击 Close 按钮，即可将元件封装导入 PCB 中。

将电源电路中的元件封装放置在 PCB 图纸中央，初步布局如图 5-4-1 所示。对整体布局进行微调，适当调节元件间距，使元件可以沿某一方向对齐，如图 5-4-2 所示。

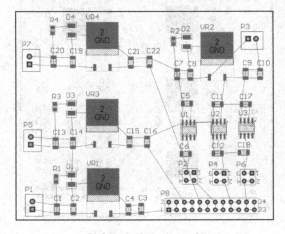

图 5-4-1　初步布局

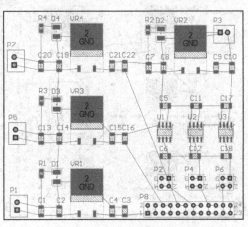

图 5-4-2　调整布局

适当规划版型并放置 4 个过孔，以方便安装。过孔大小和位置并无特殊要求，合理即可。放置完毕后，元件布局如图 5-4-3 所示，三维视图如图 5-4-4 所示。

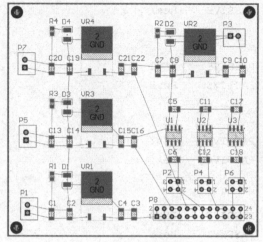 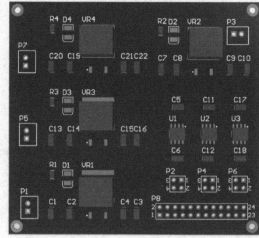

图 5-4-3　元件布局　　　　　　图 5-4-4　三维视图

5.4.2　布线

执行 Design → Rules... 命令，弹出 "PCB Rules and Constraints Editor[mil]" 对话框，对布线规则进行设定，设置方法参考 2.4.2 节。本节将电源线线宽设置为 "20mil"，地线线宽设置为 "30mil"。

完成布线规则设置后，执行 Route → Auto Route → All... 命令，弹出 "Situs Routing Strategies" 对话框，单击 Route All 按钮，等待一段时间，自动布线自动停止。顶层自动布线如图 5-4-5 所示，底层自动布线如图 5-4-6 所示。

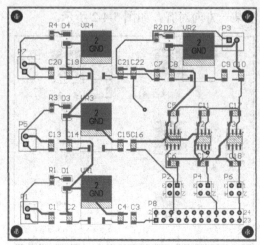 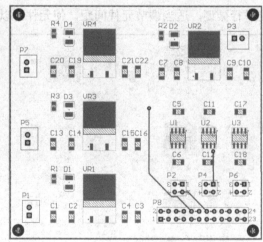

图 5-4-5　顶层自动布线　　　　　图 5-4-6　底层自动布线

小提示

◎扫描右侧二维码可观看电源电路自动布线视频。

◎因为元件布局不同，所以自动布线的结果也不同。

执行 Route → Un-Route → All 命令，取消并删除 PCB 中的所有布线。执行 Place → Interactive Routing 命令，为电源电路布线。图 5-4-7 为顶层手动布线，图 5-4-8 为底层手动布线。

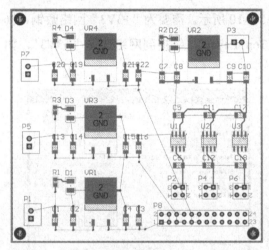

图 5-4-7　顶层手动布线

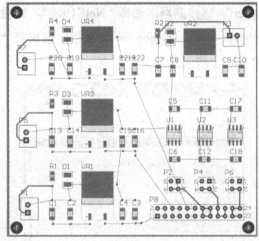

图 5-4-8　底层手动布线

执行 Tools → Design Rule Check... 命令，弹出 "Design Rule Checker [mil]" 对话框。单击 Run Design Rule Check... 按钮，弹出 "Messages" 窗格，如图 5-4-9 所示，孔径较大的警告信息可忽略，地线网络和电源网络未布线、丝印与焊盘间距较小的警告信息也可忽略。

Class	Document	Source	Message	Time	Date	No.
[Un-Rout	Power.PcbDoc	Advance	Un-Routed Net Constraint: Net GND Between Pad C9-1(4715mil,3176.952mil) on T	9:39:24	2021/8/30	1
[Un-Rout	Power.PcbDoc	Advance	Un-Routed Net Constraint: Net GND Between Pad P3-2(4875mil,3572.174mil) on M	9:39:24	2021/8/30	2
[Un-Rout	Power.PcbDoc	Advance	Un-Routed Net Constraint: Net GND Between Pad C11-1(4394.35mil,2640mil) on T	9:39:24	2021/8/30	3
[Un-Rout	Power.PcbDoc	Advance	Un-Routed Net Constraint: Net GND Between Pad C5-1(3986.85mil,2640mil) on To	9:39:24	2021/8/30	4
[Un-Rout	Power.PcbDoc	Advance	Un-Routed Net Constraint: Net GND Between Pad U2-4(4364.528mil,2397.52mil) oi	9:39:24	2021/8/30	5
[Un-Rout	Power.PcbDoc	Advance	Un-Routed Net Constraint: Net GND Between Pad C12-1(4378.7mil,2000mil) on To	9:39:24	2021/8/30	6
[Un-Rout	Power.PcbDoc	Advance	Un-Routed Net Constraint: Net GND Between Pad C6-1(3986.85mil,2000mil) on To	9:39:24	2021/8/30	7
[Un-Rout	Power.PcbDoc	Advance	Un-Routed Net Constraint: Net GND Between Pad U2-4(4364.528mil,2397.52mil) oi	9:39:24	2021/8/30	8
[Un-Rout	Power.PcbDoc	Advance	Un-Routed Net Constraint: Net GND Between Via (3265mil,1680mil) from Top Laye	9:39:24	2021/8/30	9
[Un-Rout	Power.PcbDoc	Advance	Un-Routed Net Constraint: Net GND Between Pad U3-4(4772.028mil,2397.52mil) oi	9:39:24	2021/8/30	10
[Un-Rout	Power.PcbDoc	Advance	Un-Routed Net Constraint: Net NetC19_2 Between Pad C20-2(2410mil,3095.654mil)	9:39:24	2021/8/30	11
[Un-Rout	Power.PcbDoc	Advance	Un-Routed Net Constraint: Net GND Between Pad C5-1(3986.85mil,2640mil) on To	9:39:24	2021/8/30	12
[Un-Rout	Power.PcbDoc	Advance	Un-Routed Net Constraint: Net GND Between Pad U1-4(3957.028mil,2397.52mil) oi	9:39:24	2021/8/30	13
[Un-Rout	Power.PcbDoc	Advance	Un-Routed Net Constraint: Net GND Between Pad C7-1(3820.906mil,3176.952mil) c	9:39:24	2021/8/30	14

图 5-4-9　"Messages" 窗格

小提示

◎地线网络将采用敷铜的形式进行连接。

◎电源网络也将采用敷铜的形式进行连接。

5.4.3 敷铜

需要为"NetC19_2"网络敷铜，执行 Place → ▢ Polygon Pour... 命令，层选择"Top Layer"，链接到网络选择"NetC19_2"，如图 5-4-10 所示。需要为"+3V3"网络敷铜，执行 Place → ▢ Polygon Pour... 命令，层选择"Top Layer"，链接到网络选择"+3V3"，如图 5-4-11 所示。

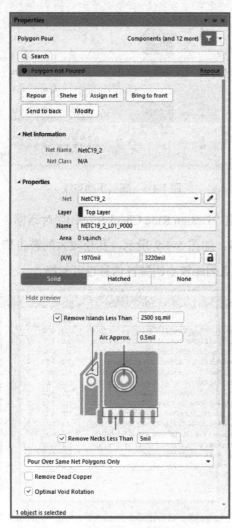

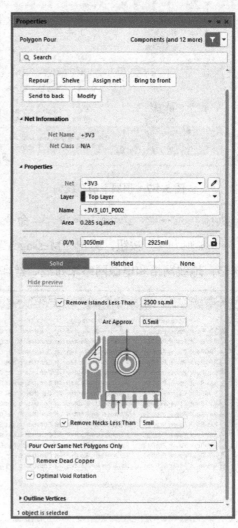

图 5-4-10　"NetC19_2"网络铜皮参数　　　　图 5-4-11　"+3V3"网络铜皮参数

需要为"NetC13_2"网络敷铜，执行 Place → 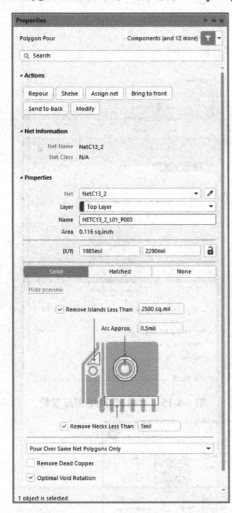 Polygon Pour... 命令，层选择"Top Layer"，链接到网络选择"NetC13_2"，如图 5-4-12 所示。需要为"+5"网络敷铜，执行 Place → Polygon Pour... 命令，层选择"Top Layer"，链接到网络选择"+5"，如图 5-4-13 所示。

图 5-4-12 "NetC13_2"网络铜皮参数

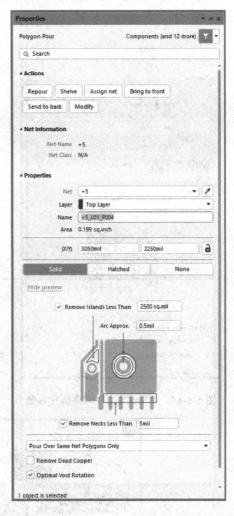

图 5-4-13 "+5"网络铜皮参数

需要为"NetC1_2"网络敷铜，执行 Place → Polygon Pour... 命令，层选择"Top Layer"，链接到网络选择"NetC1_2"，如图 5-4-14 所示。需要为"+12"网络敷铜，执行 Place → Polygon Pour... 命令，层选择"Top Layer"，链接到网络选择"+12"，如图 5-4-15 所示。此时铜皮形状如图 5-4-16 所示。

需要为"GND"网络敷铜，执行 Place → Polygon Pour... 命令，层选择"Bottom Layer"，链接到网络选择"GND"，如图 5-4-17 所示；执行 Place → Polygon Pour... 命令，层选择"Top Layer"，链接到网络选择"GND"，如图 5-4-18 所示。底层铜皮形状如图 5-4-19 所示，顶层铜皮形状如图 5-4-20 所示。

图 5-4-14 "NetC1_2"网络铜皮参数

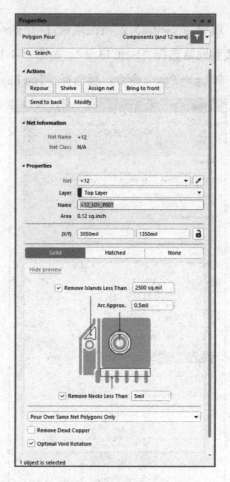

图 5-4-15 "+12"网络铜皮参数

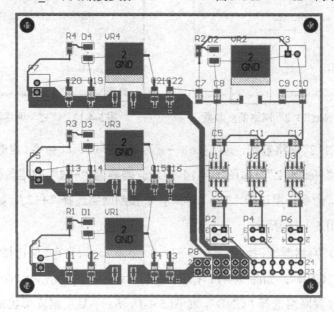

图 5-4-16 铜皮形状

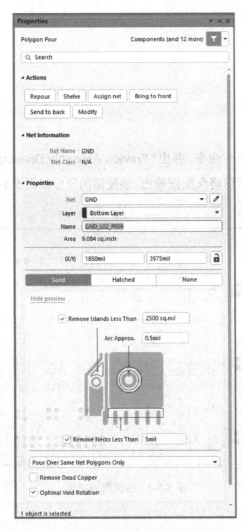

图 5-4-17　底层铜皮参数

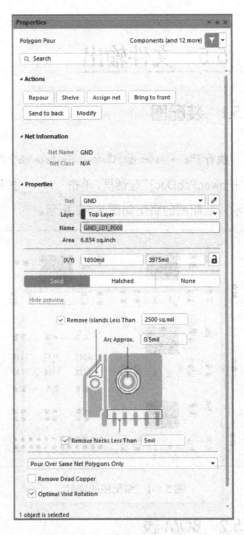

图 5-4-18　顶层铜皮参数

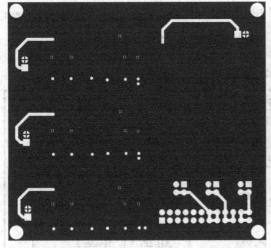

图 5-4-19　底层铜皮形状

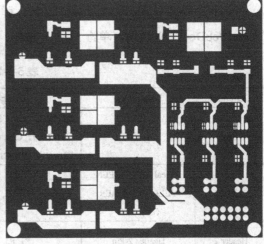

图 5-4-20　顶层铜皮形状

5.5 文件输出

5.5.1 装配图

执行 File → Assembly Outputs → Assembly Drawings 命令，弹出"Preview Assembly Drawings of [Power.PcbDoc]"对话框，单击 [🖨 Print...] 按钮，即可将装配图输出。装配图的顶层如图 5-5-1 所示，装配图的底层如图 5-5-2 所示。

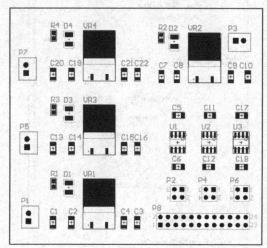

图 5-5-1　装配图的顶层　　　　　　　图 5-5-2　装配图的底层

5.5.2 BOM 表

执行 Reports → Bill of Materials 命令，弹出"Bill of Materials for PCB Document [Power.PcbDoc]"对话框，单击 [Export...] 按钮，导出 BOM 表，如表 5-5-1 所示。

表 5-5-1　BOM 表

Comment	Description	Designator	Footprint	LibRef	Quantity
Cap	Capacitor	C1, C2, C3, C4, C5, C6, C7, C8, C9, C10, C11, C12, C13, C14, C15, C16, C17, C18, C19, C20, C21, C22	C1206	Cap	22
LED2	Typical RED, GREEN, YELLOW, AMBER GaAs LED	D1, D2, D3, D4	3.5X2.8X1.9	LED2	4
Header 2	Header, 2-Pin	P1, P3, P5, P7	XH-2P	Header 2	4

续表

Comment	Description	Designator	Footprint	LibRef	Quantity
Header 2X2	Header, 2-Pin, Dual row	P2, P4, P6	HDR2X2	Header 2X2	3
Header 12X2	Header, 12-Pin, Dual row	P8	HDR2X12	Header 12X2	1
Res1	Resistor	R1, R2, R3, R4	6-0805_N	Res1	4

5.5.3　Gerber 文件

执行 File → Fabrication Outputs → Gerber Files 命令，弹出"Gerber Setup"对话框，参考 2.5.3 节进行参数设置。

单击"Gerber Setup"对话框中的 OK 按钮，即可将 Gerber 文件输出，如图 5-5-3 所示。

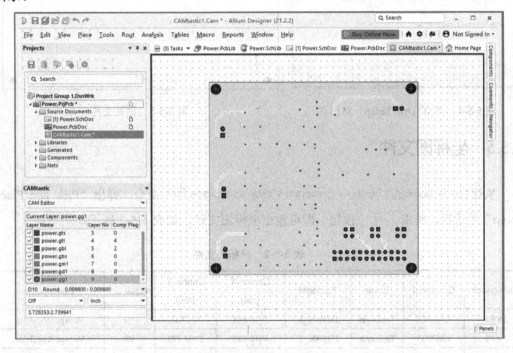

图 5-5-3　Gerber 文件输出后

小提示

◎读者可自行查看各层情况。

5.5.4　钻孔文件

执行 File → Fabrication Outputs → NC Drill Files 命令，弹出"NC Drill Setup"对话框，参数

设置如图 5-5-4 所示。单击 OK 按钮，即可输出钻孔文件，如图 5-5-5 所示。

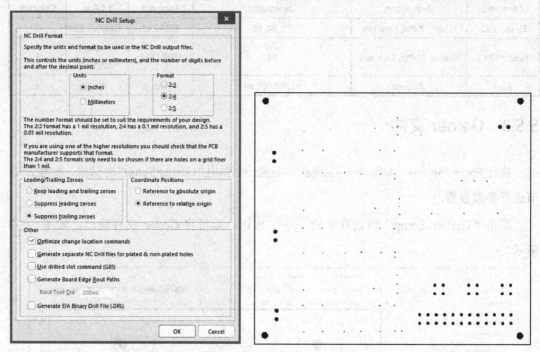

图 5-5-4 "NC Drill Setup" 对话框   图 5-5-5 钻孔文件

5.5.5 坐标图文件

执行 File → Assembly Outputs → Generates pick and place files 命令，弹出 "Pick and Place Setup" 对话框，单击 OK 按钮，即可输出坐标图文件，如表 5-5-2 所示。

表 5-5-2 坐标图文件

Designator	Comment	Layer	Footprint	Center-X (mil)	Center-Y (mil)	Rotation	Description
VR4	LM1117	TopLayer	D2PAK_L	3010.688	3317.11	90	Voltage Regulator
VR3	LM7805	TopLayer	D2PAK_L	3010.688	2394.499	90	Voltage Regulator
VR2	LM7812	TopLayer	D2PAK_L	4375	3292.11	90	Voltage Regulator
VR1	LM7812	TopLayer	D2PAK_L	3010.688	1471.888	90	Voltage Regulator
U3	REF5050	TopLayer	SO8_L	4847.028	2305	270	REF5050
U2	REF5030	TopLayer	SO8_L	4439.528	2305	270	REF5030
U1	REF5025	TopLayer	SO8_L	4032.028	2305	270	REF5025
R4	Res1	TopLayer	6-0805_N	2415.906	3629.119	270	Resistor
R3	Res1	TopLayer	6-0805_N	2415.906	2706.507	270	Resistor
R2	Res1	TopLayer	6-0805_N	3815	3604.119	270	Resistor
R1	Res1	TopLayer	6-0805_N	2415.906	1783.897	270	Resistor

Designator	Comment	Layer	Footprint	Center-X (mil)	Center-Y (mil)	Rotation	Description
P8	Header 12X2	TopLayer	HDR2X12	4360	1325	360	Header, 12-Pin, Dual row
P7	Header 2	TopLayer	XH-2P	2060	3215	270	Header, 2-Pin
P6	Header 2X2	TopLayer	HDR2X2	4855	1670	180	Header, 2-Pin, Dual row
P5	Header 2	TopLayer	XH-2P	2075	2292.39	270	Header, 2-Pin
P4	Header 2X2	TopLayer	HDR2X2	4447.5	1670	180	Header, 2-Pin, Dual row
P3	Header 2	TopLayer	XH-2P	4825	3572.174	180	Header, 2-Pin
P2	Header 2X2	TopLayer	HDR2X2	4040	1670	180	Header, 2-Pin, Dual row
P1	Header 2	TopLayer	XH-2P	2095	1369.778	270	Header, 2-Pin
D4	LED2	TopLayer	3.5X2.8X1.9	2615	3583.905	270	Typical RED, GREEN, YELLOW, AMBER GaAs LED
D3	LED2	TopLayer	3.5X2.8X1.9	2615	2661.295	270	Typical RED, GREEN, YELLOW, AMBER GaAs LED
D2	LED2	TopLayer	3.5X2.8X1.9	3985	3558.905	270	Typical RED, GREEN, YELLOW, AMBER GaAs LED
D1	LED2	TopLayer	3.5X2.8X1.9	2615	1738.683	270	Typical RED, GREEN, YELLOW, AMBER GaAs LED
C22	Cap	TopLayer	C1206	3510	3148.803	270	Capacitor
C21	Cap	TopLayer	C1206	3340	3148.803	270	Capacitor
C20	Cap	TopLayer	C1206	2410	3148.803	270	Capacitor
C19	Cap	TopLayer	C1206	2648.402	3148.803	270	Capacitor
C18	Cap	TopLayer	C1206	4855	2000	360	Capacitor
C17	Cap	TopLayer	C1206	4855	2640	360	Capacitor
C16	Cap	TopLayer	C1206	3510	2226.192	270	Capacitor
C15	Cap	TopLayer	C1206	3340	2226.192	270	Capacitor
C14	Cap	TopLayer	C1206	2648.402	2226.192	270	Capacitor
C13	Cap	TopLayer	C1206	2410	2226.192	270	Capacitor
C12	Cap	TopLayer	C1206	4431.85	2000	360	Capacitor
C11	Cap	TopLayer	C1206	4447.5	2640	360	Capacitor
C10	Cap	TopLayer	C1206	4932.536	3123.803	270	Capacitor
C9	Cap	TopLayer	C1206	4715	3123.803	270	Capacitor
C8	Cap	TopLayer	C1206	4018.402	3123.803	270	Capacitor
C7	Cap	TopLayer	C1206	3820.906	3123.803	270	Capacitor
C6	Cap	TopLayer	C1206	4040	2000	360	Capacitor
C5	Cap	TopLayer	C1206	4040	2640	360	Capacitor

Designator	Comment	Layer	Footprint	Center-X (mil)	Center-Y (mil)	Rotation	Description
C4	Cap	TopLayer	C1206	3340	1303.581	270	Capacitor
C3	Cap	TopLayer	C1206	3510	1303.581	270	Capacitor
C2	Cap	TopLayer	C1206	2648.402	1303.581	270	Capacitor
C1	Cap	TopLayer	C1206	2410	1303.581	270	Capacitor

第 6 章 多功能开发板 PCB 绘制

6.1 新建工程

新建多功能开发板 PCB 设计工程项目，依次打开文件夹，即选择"开始"→"所有程序"→"Altium"选项，由于操作系统不同，所以快捷方式的位置可能会略有变化。单击 [Altium Designer] 图标，启动 Altium Designer 软件。

执行 File → New → Project... 命令，弹出"Create Project"对话框，Project Type 选择 PCB 子菜单下的"<Empty>"，将 Project Name 命名为"Development"，Folder 存储路径选择 "G:\book\玩转电子设计\Altium Designer\project\6"，单击 [Create] 按钮，即可完成新建工程项目。将原理图图纸加入主窗口中，并将其命名为"Development.SchDoc"；将 PCB 图纸加入主窗口中，并将其命名为"Development.PcbDoc"。将原理图元件库加入主窗口中，并将其命名为"Development.SchLib"；将 PCB 元件库加入主窗口中，并将其命名为 "Development.PCBLib"。

原理图图纸、PCB 图纸、原理图元件库、PCB 元件库添加完毕后，多功能开发板 PCB 设计工程项目如图 6-1-1 所示。

本例需要设置 PCB 叠层层数。切换至"Development.PcbDoc"PCB 绘制界面，执行 Design → Layer Stack Manager... 命令，出现"Development.PcbDoc[Stackup]"选项卡，如图 6-1-2 所示。

选中"Top Layer"，单击 [+ Add] 按钮，弹出选项卡，选中"Signal"并将 Count 参数设置为"1"，如图 6-1-3 所示。设置完毕后，单击 [OK] 按钮，即可增加 PCB 层数，具体操作步骤如图 6-1-4 所示。叠层增加后如图 6-1-5 所示。

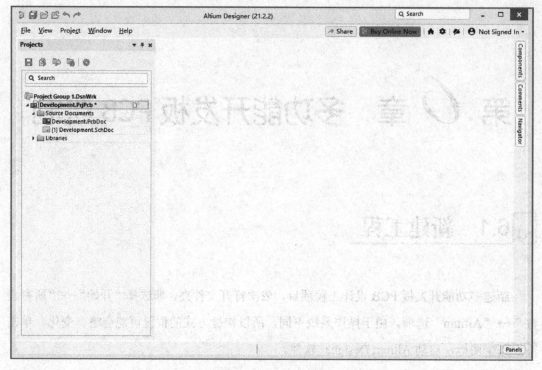

图 6-1-1 多功能开发板 PCB 设计工程项目

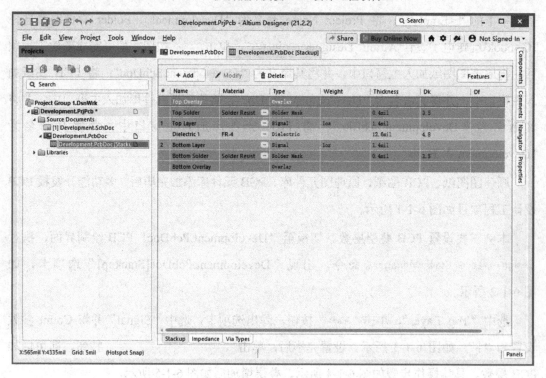

图 6-1-2 "Development.PcbDoc[Stackup]" 选项卡

图 6-1-3　选项卡

图 6-1-4　增加层数设置

#	Name	Material	Type	Weight	Thickness	Dk	Df
	Top Overlay		Overlay				
	Top Solder	Solder Resist	Solder Mask		0.4mil	3.5	
1	Top Layer 1	CF-004	Signal	1oz	1.378mil		
	Dielectric 2	PP-006	Prepreg		2.8mil	4.1	0.02
2	Top Layer		Signal	1oz	1.4mil		
	Dielectric 1	FR-4	Dielectric		12.6mil	4.8	
3	Bottom Layer		Signal	1oz	1.4mil		
	Dielectric 3	PP-006	Prepreg		2.8mil	4.1	0.02
4	Bottom Layer 1	CF-004	Signal	1oz	1.378mil		
	Bottom Solder	Solder Resist	Solder Mask		0.4mil	3.5	
	Bottom Overlay		Overlay				

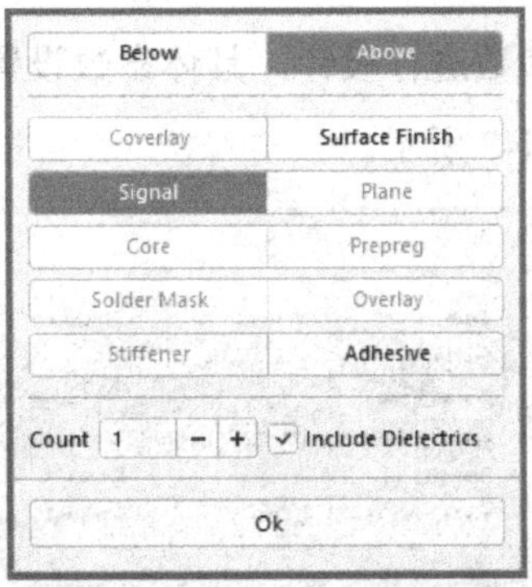

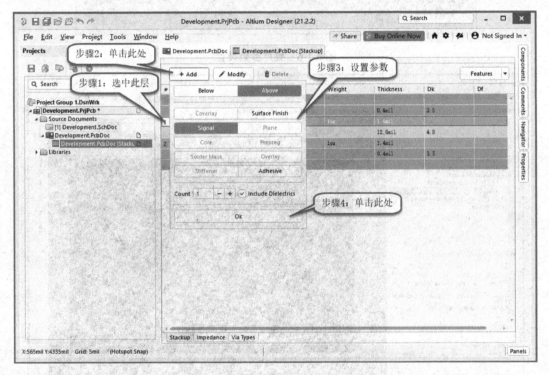

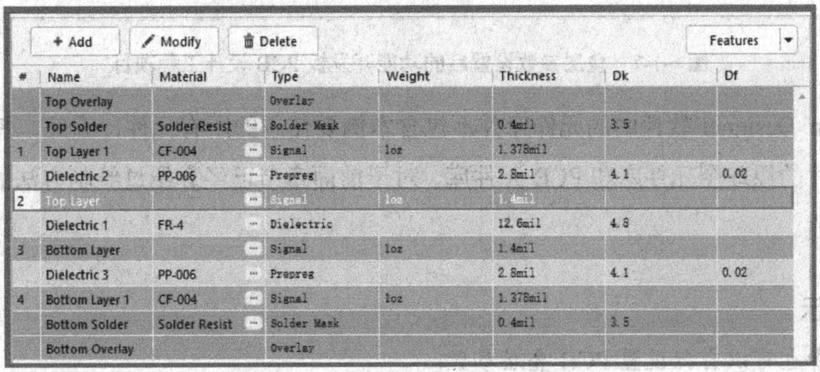

图 6-1-5　叠层增加后

增加叠层后，对部分叠层参数进行设计，具体参数设置如图 6-1-6 所示。此时功能开发板 PCB 设计工程项目如图 6-1-7 所示。

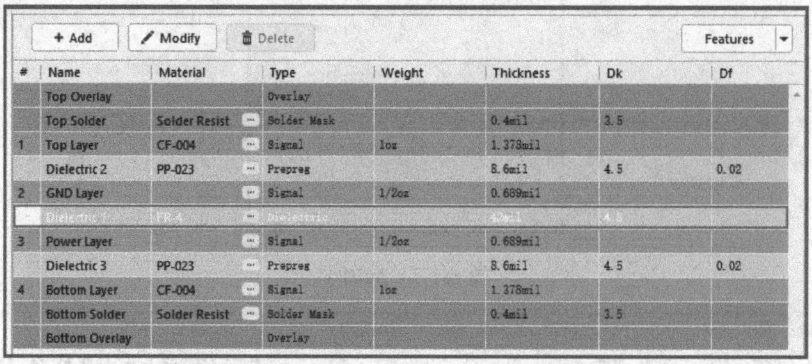

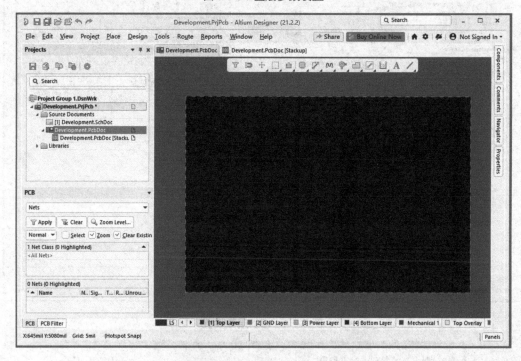

图 6-1-6　叠层参数设置

图 6-1-7　叠层参数设置后的功能开发板 PCB 设计工程项目

Altium Designer 软件中的元件库并不包含本例要使用的所有元件，因此，需要自行绘制所需元件的原理图元件库和 PCB 元件库。对于前面章节已经介绍过绘制方法的元件，本章不再赘述。

小提示

◎读者也可以自行设置 PCB 叠层参数。

◎由于不涉及高速电路，所以并不需要严格控制阻抗。

6.2　元件库绘制

6.2.1　CH340T 芯片元件库

切换至"Development.SchLib"原理图元件库绘制界面，在绘制 CH340T 芯片原理图元件库时，需要根据 CH340T 芯片的各个引脚进行编辑。CH340T 芯片引脚图如图 6-2-1 所示。

执行 Place → □ Rectangle 命令，将矩形放置在图纸上。双击刚刚放置的矩形，弹出"Properties"窗格，调节矩形的位置、高度和宽度，具体参数设置如图 6-2-2 所示。

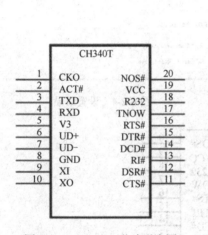

图 6-2-1　CH340T 芯片引脚图　　　　　图 6-2-2　矩形参数

执行 Place → ⭥ Pin 命令，在矩形左侧共放置 10 个引脚，从上至下依次将引脚标识修改为"1""2""3""4""5""6""7""8""9""10"，从上至下依次将引脚名称修改为"CKO""ACT#""TXD""RXD""V3""UD+""UD–""GND""XI""XO"。

执行 Place → ⭥ Pin 命令，在矩形右侧共放置 10 个引脚，从下至上依次将引脚标识修改为""11""12""13""14""15""16""17""18""19""20"，从下至上依次将引脚名称修改为"CTS#""DSR#""RI#""DCD#""DTR#""RTS#""TNOW""R232""VCC""NOS#"。引脚放置完毕后，如图 6-2-3 所示。

双击"SCH Library"窗格中的 ▮ Component_1 选项，弹出"Properties"窗格，修改元件名称等参数，结果如图 6-2-4 所示。

至此，CH340T 芯片原理图元件库绘制完毕，如图 6-2-5 所示。

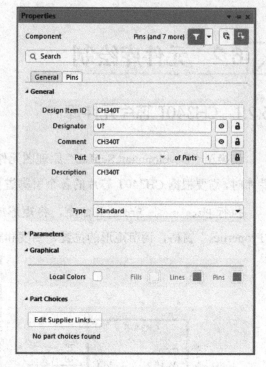

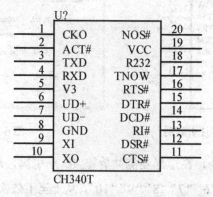

| 图 6-2-3　引脚放置完毕后 | 图 6-2-4　设置结果 |

图 6-2-5　CH340T 芯片原理图元件库

🖾 小提示

◎只有将 CH340T 原理图元件库放置在原理图图纸上，才会出现 "U?" 和 "CH340T"。

切换至 "Development.PcbLib" PCB 元件库绘制界面，在绘制 CH340T 芯片 PCB 元件库时，需要根据 CH340T 芯片封装尺寸进行。CH340T 芯片封装尺寸如图 6-2-6 所示。

执行 Tools → Footprint Wizard... 命令，弹出 "Footprint Wizard" 对话框，单击 Next 按钮，弹出 "Page Instructions" 界面，选择 "Small Outline Packages(SOP)" 选项，将单位设置为 "mil"，如图 6-2-7 所示。

单击 Next 按钮，弹出 "Define the pads dimensions" 界面，将焊盘形状设置为矩形，高设置为 "15mil"，宽设置为 "80mil"，如图 6-2-8 所示。

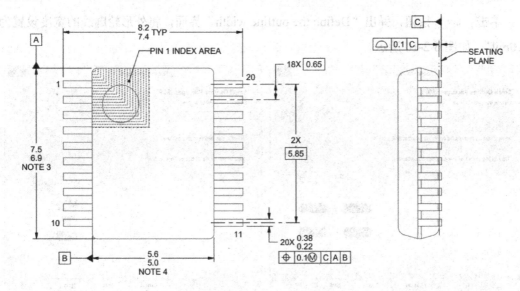

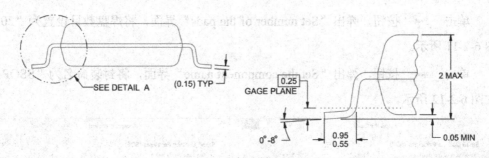

图 6-2-6　CH340T 芯片封装尺寸

图 6-2-7　定义封装类型

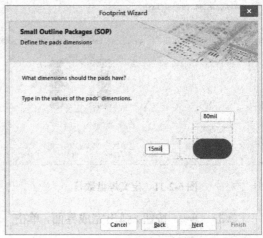

图 6-2-8　定义焊盘尺寸

单击 Next 按钮，弹出"Define the pads layout"界面，将焊盘横向间距设置为"275mil"，纵向间距设置为"25mil"，如图 6-2-9 所示。

单击 Next 按钮，弹出"Define the outline width"界面，将外形轮廓线的宽度设置为"10mil"，如图 6-2-10 所示。

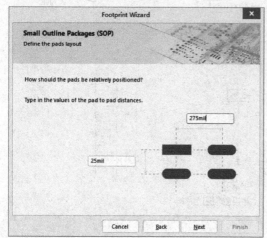

图 6-2-9　定义焊盘间距

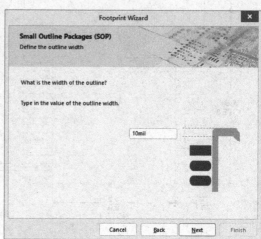

图 6-2-10　定义外形轮廓线的宽度

单击 Next 按钮，弹出"Set number of the pads"界面，将焊盘数目设置为"20"，如图 6-2-11 所示。

单击 Next 按钮，弹出"Set the component name"界面，将封装命名为"SSOP-20"，如图 6-2-12 所示。

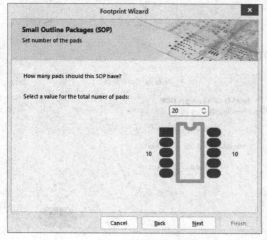

图 6-2-11　定义焊盘数目

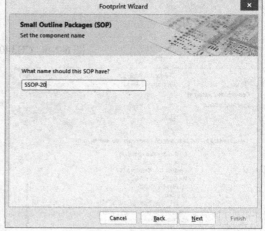

图 6-2-12　封装命名

单击 Next 按钮，弹出完成界面，单击 Finish 按钮，即可将绘制的元件放置在图纸上，如图 6-2-13 所示。

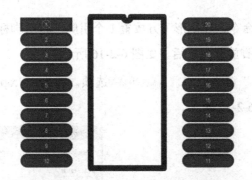

图 6-2-13 CH340T 芯片 PCB 元件库

需要将 CH340T 芯片 PCB 元件库中的 SSOP-20 封装加载到 CH340T 芯片原理图元件库中,参照 2.2.1 节中的方法即可。

至此,CH340T 芯片元件库绘制完毕。

6.2.2 USB2.0 接插件元件库

切换至"Development.SchLib"原理图元件库绘制界面,在绘制 USB2.0 接插件原理图元件库时,需要根据 USB2.0 接插件的各个引脚进行编辑。USB2.0 接插件引脚图如图 6-2-14所示。

执行 Place → ☐ Rectangle 命令,将矩形放置在图纸上。双击刚刚放置的矩形,弹出"Properties"窗格,调节矩形的位置、高度和宽度,具体参数设置如图 6-2-15 所示。

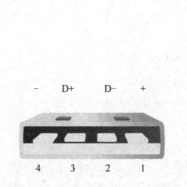

图 6-2-14 USB2.0 接插件引脚图　　　　　　　图 6-2-15 矩形参数

执行 Place → ⑴ Pin 命令,在矩形右侧共放置 4 个引脚,从上至下依次将引脚标识修改为"1""2""3""4",从上至下依次将引脚名称修改为"VCC""D-""D+""GND"。

执行 Place → ⑴ Pin 命令,在矩形上方放置 1 个引脚,将引脚标识修改为"5",将引脚名称修改为"Fix1"。

执行 Place → ⌐ Pin 命令，在矩形下方放置 1 个引脚，将引脚标识修改为 "6"，将引脚名称修改为 "Fix2"。引脚放置完毕后，如图 6-2-16 所示。

双击 "SCH Library" 窗格中的 Component_1 选项，弹出 "Properties" 窗格，修改元件名称等参数，结果如图 6-2-17 所示。

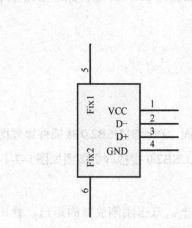

图 6-2-16　引脚放置完毕后

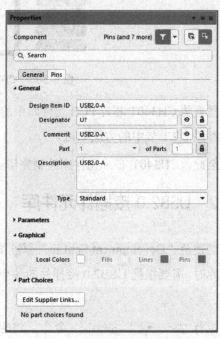

图 6-2-17　设置结果

至此，USB2.0 接插件原理图元件库绘制完毕，如图 6-2-18 所示。

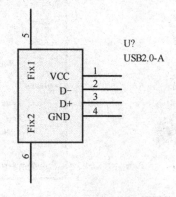

图 6-2-18　USB2.0 接插件原理图元件库

📫 小提示

◎只有将 USB2.0 接插件原理图元件库放置在原理图图纸上，才会出现 "U?" 和 "USB2.0-A"。

切换至"Development.PcbLib"PCB 元件库绘制界面，在绘制 USB2.0 接插件 PCB 元件库时，需要根据 USB2.0 接插件封装尺寸进行。USB2.0 接插件封装尺寸如图 6-2-19 所示。

执行 Place → ◎ Pad 命令，将焊盘放置在绘制界面中。双击刚刚放置的焊盘，弹出"Properties"窗格，将此焊盘的位置 X 设置为"0mil"，位置 Y 设置为"0mil"，形状设置为"Rectangular"，属性标识设置为"1"，尺寸 X 参数设置为"40mil"，尺寸 Y 参数设置为"118mil"，如图 6-2-20 所示。

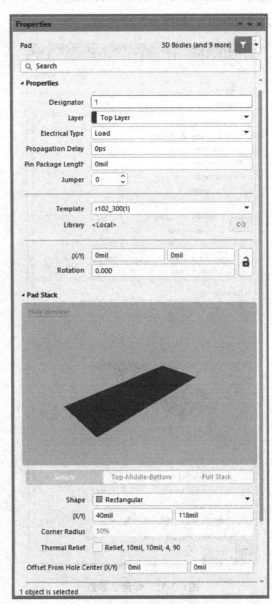

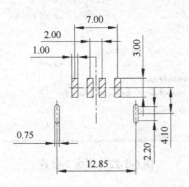

图 6-2-19　USB2.0 接插件封装尺寸　　　　　　　图 6-2-20　焊盘 1 参数

执行 Place → ◎ Pad 命令，将焊盘放置在绘制界面中。双击刚刚放置的焊盘，弹出

"Properties"窗格，将此焊盘的位置 X 设置为"98mil"，位置 Y 设置为"0mil"，形状设置为"Rectangular"，属性标识设置为"2"，尺寸 X 参数设置为"40mil"，尺寸 Y 参数设置为"118mil"，如图 6-2-21 所示。

执行 Place → ◎ Pad 命令，将焊盘放置在绘制界面中。双击刚刚放置的焊盘，弹出"Properties"窗格，将此焊盘的位置 X 设置为"177mil"，位置 Y 设置为"0mil"，形状设置为"Rectangular"，属性标识设置为"3"，尺寸 X 参数设置为"40mil"，尺寸 Y 参数设置为"118mil"，如图 6-2-22 所示。

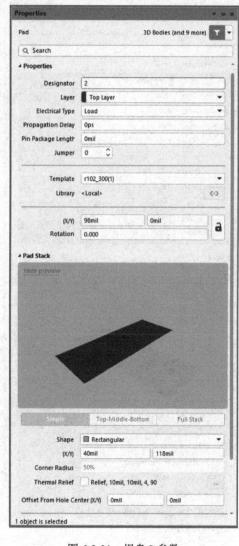

图 6-2-21　焊盘 2 参数

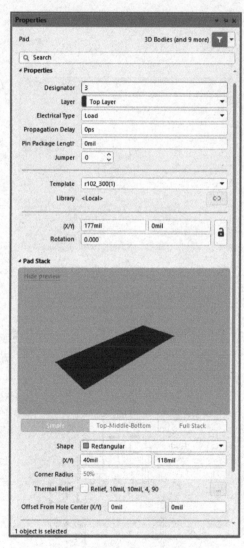

图 6-2-22　焊盘 3 参数

执行 Place → ◎ Pad 命令，将焊盘放置在绘制界面中。双击刚刚放置的焊盘，弹出"Properties"窗格，将此焊盘的位置 X 设置为"275mil"，位置 Y 设置为"0mil"，形状设

置为 "Rectangular"，属性标识设置为 "4"，尺寸 X 参数设置为 "40mil"，尺寸 Y 参数设置为 "118mil"，如图 6-2-23 所示。

执行 Place → ◎ Pad 命令，将焊盘放置在绘制界面中。双击刚刚放置的焊盘，弹出 "Properties" 窗格，将此焊盘的位置 X 设置为 "-115mil"，位置 Y 设置为 "-161.5mil"，形状设置为 "Round"，属性标识设置为 "5"，尺寸 X 参数设置为 "55mil"，尺寸 Y 参数设置为 "118mil"，如图 6-2-24 所示。

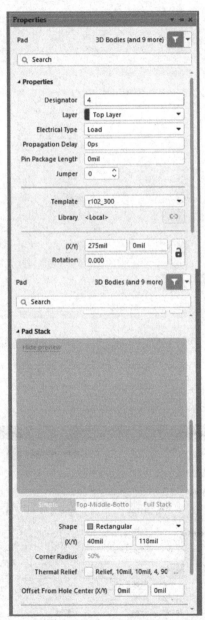

图 6-2-23　焊盘 4 参数

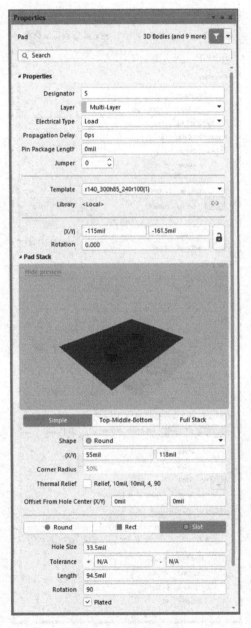

图 6-2-24　焊盘 5 参数

　　执行 <u>P</u>lace → ◎ <u>P</u>ad 命令，将焊盘放置在绘制界面中。双击刚刚放置的焊盘，弹出
"Properties" 窗格，将此焊盘的位置 X 设置为 "390mil"，位置 Y 设置为 "-161.5mil"，形
状设置为 "Round"，属性标识设置为 "6"，尺寸 X 参数设置为 "55mil"，尺寸 Y 参数设置
为 "118mil"，如图 6-2-25 所示。

　　切换至 "Top Overlay" 图层，执行 <u>P</u>lace → ╱ <u>L</u>ine 命令，放置 6 条横线，双击第 1 条
横线，参数设置如图 6-2-26 所示。

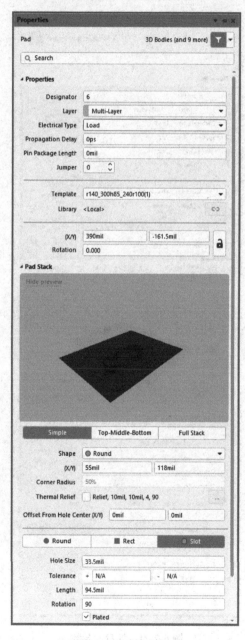

图 6-2-25　焊盘 6 参数

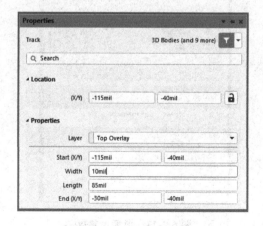

图 6-2-26　横线 1 参数

双击第 2 条横线，参数设置如图 6-2-27 所示；双击第 3 条横线，参数设置如图 6-2-28 所示；双击第 4 条横线，参数设置如图 6-2-29 所示；双击第 5 条横线，参数设置如图 6-2-30 所示；双击第 6 条横线，参数设置如图 6-2-31 所示。

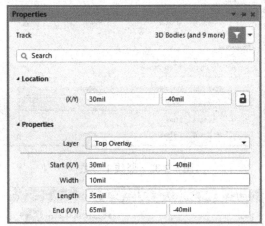

图 6-2-27　横线 2 参数　　　　　　　　图 6-2-28　横线 3 参数

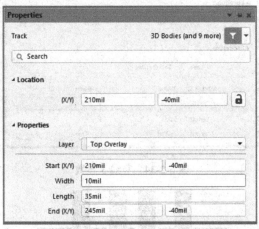

图 6-2-29　横线 4 参数　　　　　　　　图 6-2-30　横线 5 参数

执行 Place → ╱ Line 命令，放置 4 条竖线，双击第 1 条竖线，参数设置如图 6-2-32 所示；双击第 2 条竖线，参数设置如图 6-2-33 所示；双击第 3 条竖线，参数设置如图 6-2-34 所示；双击第 4 条竖线，参数设置如图 6-2-35 所示。

需要将 USB2.0 接插件 PCB 元件库中的封装加载到 USB2.0 接插件原理图元件库中，参照 2.2.1 节中的方法即可。

至此，USB2.0 接插件元件库绘制完毕，如图 6-2-36 所示。

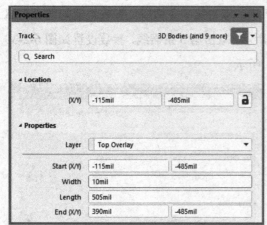

图 6-2-31　横线 6 参数　　　　　　图 6-2-32　竖线 1 参数

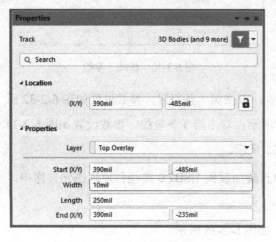

图 6-2-33　竖线 2 参数　　　　　　图 6-2-34　竖线 3 参数

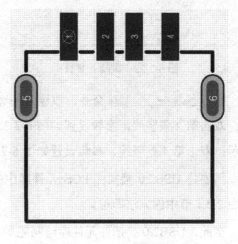

图 6-2-35　竖线 4 参数　　　　　　图 6-2-36　USB2.0 接插件元件库

6.2.3 微动开关元件库

切换至"Development.SchLib"原理图元件库绘制界面,在绘制微动开关原理图元件库时,需要根据微动开关的各个引脚进行编辑。微动开关引脚图如图 6-2-37 所示。

执行 Place → ┤ Pin 命令,在图纸上共放置 4 个引脚,将引脚标识修改为"1""2""3""4",将引脚名称修改为"1""2""3""4"。

执行 Place → ╱ Line 命令,放置 5 条线段,线段 1 参数如图 6-2-38 所示,线段 2 参数如图 6-2-39 所示,线段 3 参数如图 6-2-40 所示,线段 4 参数如图 6-2-41 所示,线段 5 参数如图 6-2-42 所示。放置完毕后,如图 6-2-43 所示。

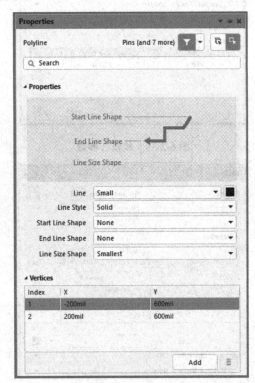

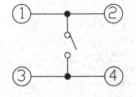

图 6-2-37 微动开关引脚图   图 6-2-38 线段 1 参数

双击"SCH Library"窗格中的 ▯Component_1 选项,弹出"Properties"窗格,修改元件名称等参数,结果如图 6-2-44 所示。

至此,微动开关原理图元件库绘制完毕,如图 6-2-45 所示。

小提示

◎只有将微动开关原理图元件库放置在原理图图纸上,才会出现"B?"和"Button"。

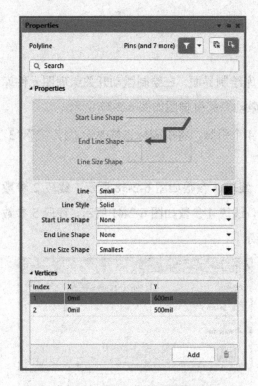

图 6-2-39　线段 2 参数

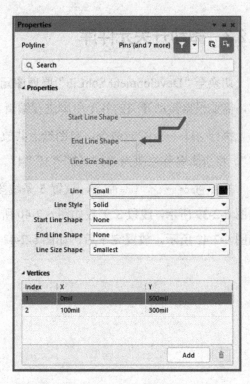

图 6-2-40　线段 3 参数

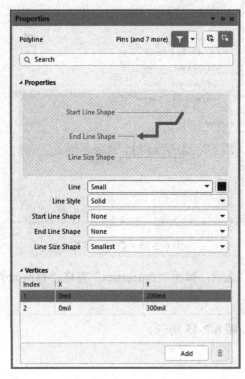

图 6-2-41　线段 4 参数

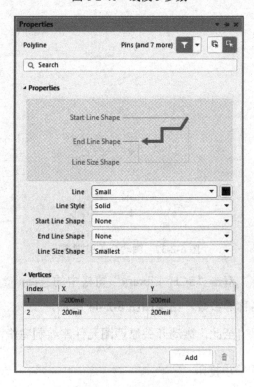

图 6-2-42　线段 5 参数

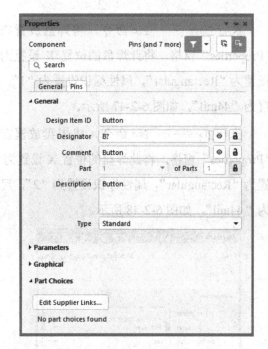

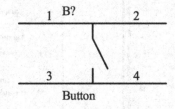

图 6-2-43　引脚和线段放置完毕后　　　　　　　图 6-2-44　设置结果

图 6-2-45　微动开关原理图元件库

切换至"Development.PcbLib" PCB 元件库绘制界面，在绘制微动开关 PCB 元件库时，需要根据微动开关封装尺寸进行。微动开关封装尺寸如图 6-2-46 所示。

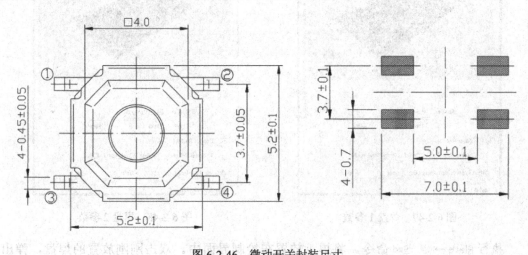

图 6-2-46　微动开关封装尺寸

执行 Place → ◎ Pad 命令，将焊盘放置在绘制界面中。双击刚刚放置的焊盘，弹出"Properties"窗格，将此焊盘的位置 X 设置为"-122mil"，位置 Y 设置为"73mil"，形状设置为"Rectangular"，属性标识设置为"1"，尺寸 X 参数设置为"71mil"，尺寸 Y 参数设置为"44mil"，如图 6-2-47 所示。

执行 Place → ◎ Pad 命令，将焊盘放置在绘制界面中。双击刚刚放置的焊盘，弹出"Properties"窗格，将此焊盘的位置 X 设置为"122mil"，位置 Y 设置为"73mil"，形状设置为"Rectangular"，属性标识设置为"2"，尺寸 X 参数设置为"71mil"，尺寸 Y 参数设置为"44mil"，如图 6-2-48 所示。

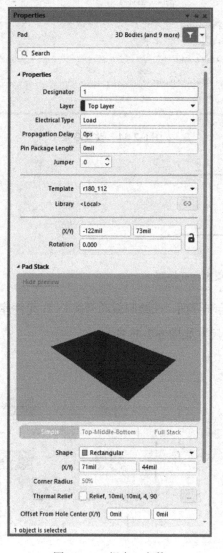

图 6-2-47 焊盘 1 参数

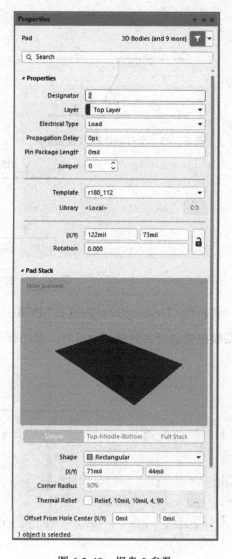

图 6-2-48 焊盘 2 参数

执行 Place → ◎ Pad 命令，将焊盘放置在绘制界面中。双击刚刚放置的焊盘，弹出

"Properties" 窗格，将此焊盘的位置 X 设置为 "-122mil"，位置 Y 设置为 "-73mil"，形状设置为 "Rectangular"，属性标识设置为 "3"，尺寸 X 参数设置为 "71mil"，尺寸 Y 参数设置为 "44mil"，如图 6-2-49 所示。

执行 Place → ⊚ Pad 命令，将焊盘放置在绘制界面中。双击刚刚放置的焊盘，弹出 "Properties" 窗格，将此焊盘的位置 X 设置为 "122mil"，位置 Y 设置为 "-73mil"，形状设置为 "Rectangular"，属性标识设置为 "4"，尺寸 X 参数设置为 "71mil"，尺寸 Y 参数设置为 "44mil"，如图 6-2-50 所示。

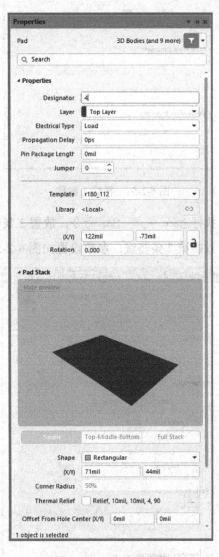

图 6-2-49　焊盘 3 参数　　　　　　　图 6-2-50　焊盘 4 参数

切换至 "Top Overlay" 图层，执行 Place → ╱ Line 命令，放置 2 条横线，双击第 1 条横线，参数设置如图 6-2-51 所示；双击第 2 条横线，参数设置如图 6-2-52 所示。

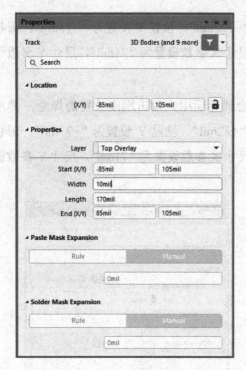

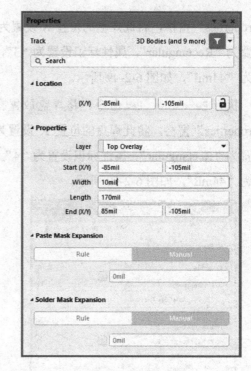

图 6-2-51　横线 1 参数　　　　　　　　　图 6-2-52　横线 2 参数

执行 Place → ✏ Line 命令，放置 2 条竖线，双击第 1 条竖线，参数设置如图 6-2-53 所示；双击第 2 条竖线，参数设置如图 6-2-54 所示。

图 6-2-53　竖线 1 参数　　　　　　　　　图 6-2-54　竖线 2 参数

执行 Place → ⊘ Full Circle 命令，放置 1 个圆形，参数设置如图 6-2-55 所示。

需要将微动开关 PCB 元件库中的封装加载到微动开关原理图元件库中，参照 2.2.1 节中的方法即可。

至此，微动开关元件库绘制完毕，如图 6-2-56 所示。

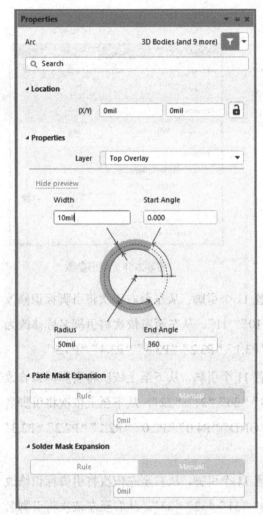

图 6-2-55　圆形参数

图 6-2-56　微动开关元件库

6.2.4　STC12C5A60S2 元件库

切换至"Development.SchLib"原理图元件库绘制界面，在绘制 STC12C5A60S2 单片机原理图元件库时，需要根据 STC12C5A60S2 单片机的各个引脚进行编辑。STC12C5A60S2 单片机引脚图如图 6-2-57 所示。

执行 Place → ▢ Rectangle 命令，将矩形放置在图纸上。双击刚刚放置的矩形，弹出

"Properties" 窗格，调节矩形的位置、高度和宽度，具体参数设置如图 6-2-58 所示。

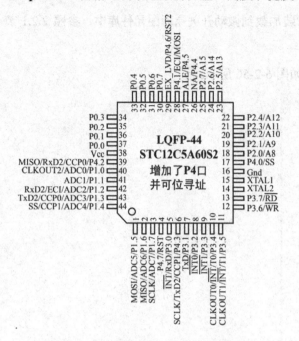

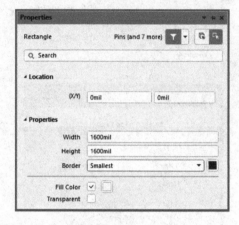

图 6-2-57　STC12C5A60S2 单片机引脚图　　　　图 6-2-58　矩形参数

　　执行 Place → Pin 命令，在矩形下方共放置 11 个引脚，从左至右依次将引脚标识修改为 "1""2""3""4""5""6""7""8""9""10""11"，从左至右依次将引脚名称修改为 "P1.5""P1.6""P1.7""P4.7""P3.0""P4.3""P3.1""P3.2""P3.3""P3.4""P3.5"。

　　执行 Place → Pin 命令，在矩形右侧共放置 11 个引脚，从下至上依次将引脚标识修改为 "12""13""14""15""16""17""18""19""20""21""22"，从下至上依次将引脚名称修改为 "P3.6""P3.7""XTAL2""XTAL1""GND""P4.0""P2.0""P2.1""P2.2""P2.3""P2.4"。

　　执行 Place → Pin 命令，在矩形上方共放置 11 个引脚，从右至左依次将引脚标识修改为 "23""24""25""26""27""28""29""30""31""32""33"，从右至左依次将引脚名称修改为 "P2.5""P2.6""P2.7""P4.4""P4.5""P4.1""P4.6""P0.7""P0.6""P0.5""P0.4"。

　　执行 Place → Pin 命令，在矩形左侧共放置 11 个引脚，从上至下依次将引脚标识修改为 "34""35""36""37""38""39""40""41""42""43""44"，从上至下依次将引脚名称修改为 "P0.3""P0.2""P0.1""P0.0""VCC""P4.2""P1.0""P1.1""P1.2""P1.3""P1.4"。引脚放置完毕后，如图 6-2-59 所示。

　　双击 "SCH Library" 窗格中的 Component_1 选项，弹出 "Properties" 窗格，修改元件名称等参数，结果如图 6-2-60 所示。

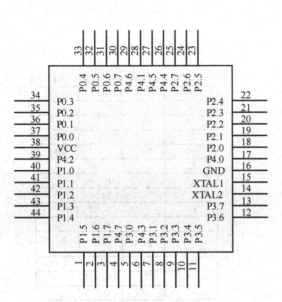

图 6-2-59 引脚放置完毕后　　　　　　图 6-2-60　设置结果

至此，STC12C5A60S2 单片机原理图元件库绘制完毕，如图 6-2-61 所示。

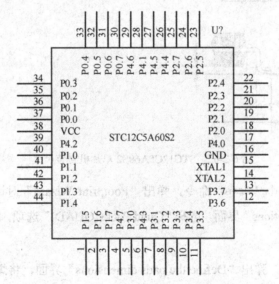

图 6-2-61　STC12C5A60S2 单片机原理图元件库

✎小提示

◎只有将 STC12C5A60S2 单片机原理图元件库放置在原理图图纸上，才会出现 "U?"
和 "STC12C5A60S2"。

切换至 "Development.PcbLib" PCB 元件库绘制界面，在绘制 STC12C5A60S2 单片机
PCB 元件库时，需要根据 STC12C5A60S2 单片机封装尺寸进行。STC12C5A60S2 单片机封

装尺寸如图 6-2-62 所示。

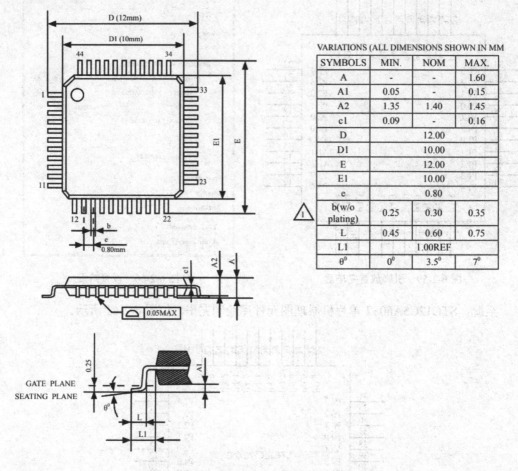

VARIATIONS (ALL DIMENSIONS SHOWN IN MM			
SYMBOLS	MIN.	NOM	MAX.
A	-	-	1.60
A1	0.05	-	0.15
A2	1.35	1.40	1.45
c1	0.09	-	0.16
D		12.00	
D1		10.00	
E		12.00	
E1		10.00	
e		0.80	
b(w/o plating)	0.25	0.30	0.35
L	0.45	0.60	0.75
L1		1.00REF	
θ^0	0^0	3.5^0	7^0

图 6-2-62　STC12C5A60S2 单片机封装尺寸

执行 Tools → Footprint Wizard... 命令，弹出 "Footprint Wizard" 对话框，单击 [Next] 按钮，弹出 "Page Instructions" 界面，选择 "Quad Packs(QUAD)" 选项，将单位设置为 "mil"，如图 6-2-63 所示。

单击 [Next] 按钮，弹出 "Define the pads dimensions" 界面，将焊盘形状设置为矩形，高设置为 "16.5mil"，宽设置为 "65.7mil"，如图 6-2-64 所示。

单击 [Next] 按钮，弹出 "Define the pads shape" 界面，将第 1 个焊盘设置为 "Round"，其余焊盘设置为 "Rectangular"，如图 6-2-65 所示。

单击 [Next] 按钮，弹出 "Define the outline width" 界面，将外形轮廓线的宽度设置为 "10mil"，如图 6-2-66 所示。

单击 [Next] 按钮，弹出 "Define the pads layout" 界面，将焊盘间距设置为 "31.5mil"，如图 6-2-67 所示。

图 6-2-63 定义封装类型

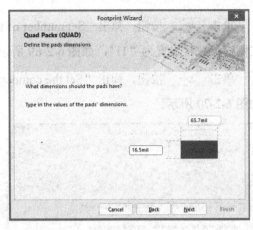

图 6-2-64 定义焊盘尺寸

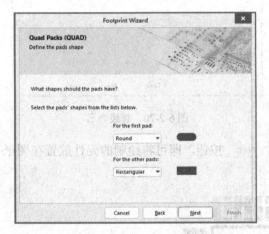

图 6-2-65 定义焊盘形状

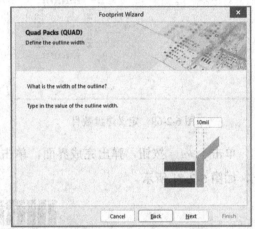

图 6-2-66 定义外形轮廓线的宽度

单击 Next 按钮，弹出"Set the pads naming style"界面，选择左上角焊盘为起始焊盘，如图 6-2-68 所示。

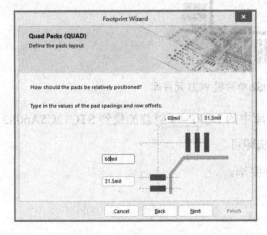

图 6-2-67 定义焊盘间距

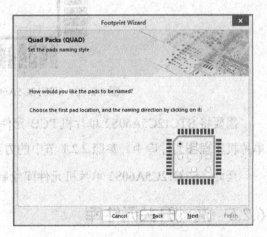

图 6-2-68 定义焊盘放置顺序

单击 Next 按钮，弹出 "Set number of the pads" 界面，将上方焊盘数目设置为 "11"，左侧焊盘数目设置为 "11"，如图 6-2-69 所示。

单击 Next 按钮，弹出 "Set the component name" 界面，将封装命名为 "LQFP-44"，如图 6-2-70 所示。

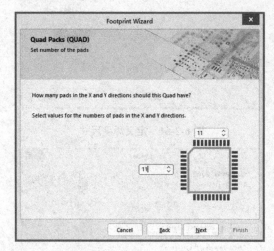 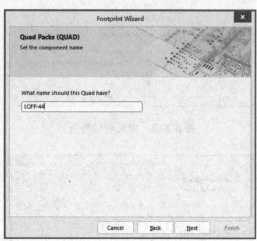

图 6-2-69　定义焊盘数目　　　　　　　　　　图 6-2-70　封装命名

单击 Next 按钮，弹出完成界面，单击 Finish 按钮，即可将绘制的元件放置在图纸上，如图 6-2-71 所示。

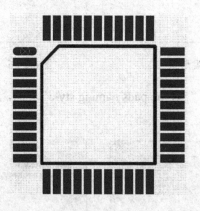

图 6-2-71　STC12C5A60S2 单片机 PCB 元件库

需要将 STC12C5A60S2 单片机 PCB 元件库中的 LQFP-44 封装加载到 STC12C5A60S2 单片机原理图元件库中，参照 2.2.1 节中的方法即可。

至此，STC12C5A60S2 单片机元件库绘制完毕。

6.2.5　滑动开关元件库

切换至 "Development.SchLib" 原理图元件库绘制界面，在绘制滑动开关原理图元件库时，需要根据滑动开关的各个引脚进行编辑。滑动开关引脚图如图6-2-72所示。

执行 Place → ▫ Rectangle 命令，将矩形放置在图纸上。双击刚刚放置的矩形，弹出"Properties"窗格，调节矩形的位置、高度和宽度，具体参数设置如图6-2-73所示。

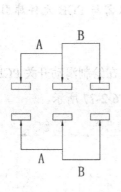

图 6-2-72 滑动开关引脚图

图 6-2-73 矩形参数

执行 Place → ⌐ Pin 命令，在矩形上方共放置3个引脚，从左至右依次将引脚标识修改为"1""2""3"，从左至右依次将引脚名称修改为"A1""B1""C1"。

执行 Place → ⌐ Pin 命令，在矩形下方共放置3个引脚，从左至右依次将引脚标识修改为"4""5""6"，从左至右依次将引脚名称修改为"A2""B2""C2"。放置完毕后，如图6-2-74所示。

双击"SCH Library"窗格中的 ▤ Component_1 选项，弹出"Properties"窗格，修改元件名称等参数，结果如图6-2-75所示。

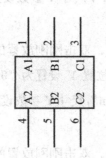

图 6-2-74 引脚放置完毕后

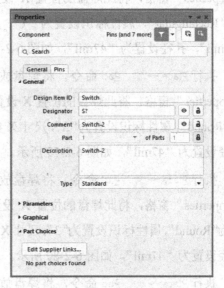

图 6-2-75 设置结果

至此，滑动开关原理图元件库绘制完毕，如图 6-2-76 所示。

🐞 小提示

◎只有将滑动开关原理图元件库放置在原理图图纸上，才会出现"S?"和"Switch-2"。

◎滑动开关引脚图并无引脚标识，可以自行标注，只需与 PCB 元件库引脚一一对应即可。

切换至"Development.PcbLib" PCB 元件库绘制界面，在绘制滑动开关 PCB 元件库时，需要根据滑动开关封装尺寸进行。滑动开关封装尺寸如图 6-2-77 所示。

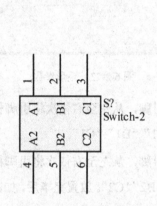

图 6-2-76　滑动开关原理图元件库

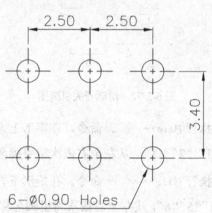

图 6-2-77　滑动开关封装尺寸

执行 Place → ◎ Pad 命令，将焊盘放置在绘制界面中。双击刚刚放置的焊盘，弹出"Properties"窗格，将此焊盘的位置 X 设置为"0mil"，位置 Y 设置为"0mil"，形状设置为"Rectangular"，属性标识设置为"1"，尺寸 X 参数设置为"70mil"，尺寸 Y 参数设置为"70mil"，孔径设置为"47mil"，如图 6-2-78 所示。

执行 Place → ◎ Pad 命令，将焊盘放置在绘制界面中。双击刚刚放置的焊盘，弹出"Properties"窗格，将此焊盘的位置 X 设置为"99mil"，位置 Y 设置为"0mil"，形状设置为"Round"，属性标识设置为"2"，尺寸 X 参数设置为"70mil"，尺寸 Y 参数设置为"70mil"，孔径设置为"47mil"，如图 6-2-79 所示。

执行 Place → ◎ Pad 命令，将焊盘放置在绘制界面中。双击刚刚放置的焊盘，弹出"Properties"窗格，将此焊盘的位置 X 设置为"198mil"，位置 Y 设置为"0mil"，形状设置为"Round"，属性标识设置为"3"，尺寸 X 参数设置为"70mil"，尺寸 Y 参数设置为"70mil"，孔径设置为"47mil"，如图 6-2-80 所示。

执行 Place → ◎ Pad 命令，将焊盘放置在绘制界面中。双击刚刚放置的焊盘，弹出"Properties"窗格，将此焊盘的位置 X 设置为"0mil"，位置 Y 设置为"-134mil"，形状设

置为 "Rectangular"，属性标识设置为 "4"，尺寸 X 参数设置为 "70mil"，尺寸 Y 参数设置为 "70mil"，孔径设置为 "47mil"，如图 6-2-81 所示。

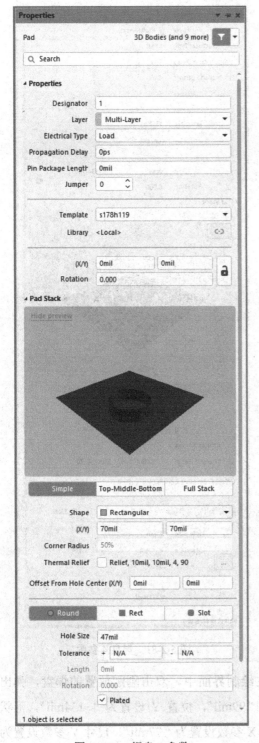

图 6-2-78 焊盘 1 参数   图 6-2-79 焊盘 2 参数

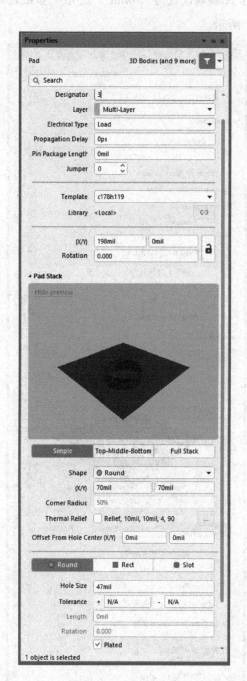

图 6-2-80　焊盘 3 参数

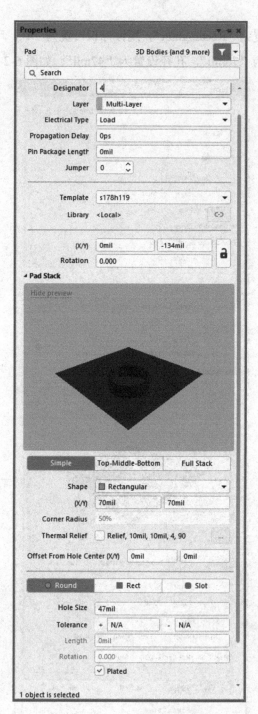

图 6-2-81　焊盘 4 参数

执行 Place → ◎ Pad 命令，将焊盘放置在绘制界面中。双击刚刚放置的焊盘，弹出
"Properties" 窗格，将此焊盘的位置 X 设置为 "99mil"，位置 Y 设置为 "−134mil"，形状
设置为 "Round"，属性标识设置为 "5"，尺寸 X 参数设置为 "77mil"，尺寸 Y 参数设置为
"77mil"，孔径设置为 "47mil"，如图 6-2-82 所示。

执行 Place → ◎ Pad 命令，将焊盘放置在绘制界面中。双击刚刚放置的焊盘，弹出"Properties"窗格，将此焊盘的位置 X 设置为"198mil"，位置 Y 设置为"-134mil"，形状设置为"Round"，属性标识设置为"6"，尺寸 X 参数设置为"70mil"，尺寸 Y 参数设置为"70mil"，孔径设置为"47mil"，如图 6-2-83 所示。

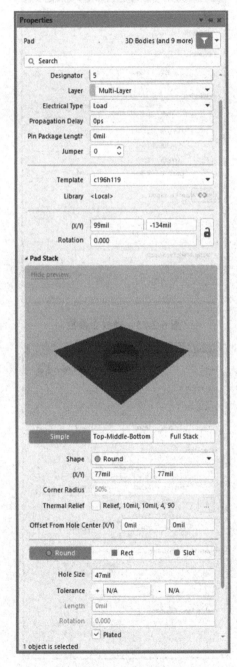

图 6-2-82 焊盘 5 参数

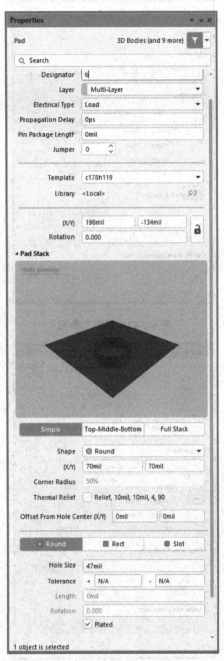

图 6-2-83 焊盘 6 参数

切换至"Top Overlay"图层，执行 Place → ✏ Line 命令，放置 4 条横线和 2 条竖线，

双击第 1 条横线，参数设置如图 6-2-84 所示；双击第 2 条横线，参数设置如图 6-2-85 所示；双击第 3 条横线，参数设置如图 6-2-86 所示；双击第 4 条横线，参数设置如图 6-2-87 所示；双击第 1 条竖线，参数设置如图 6-2-88 所示；双击第 2 条竖线，参数设置如图 6-2-89 所示。

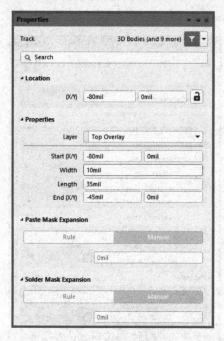

图 6-2-84　横线 1 参数

图 6-2-85　横线 2 参数

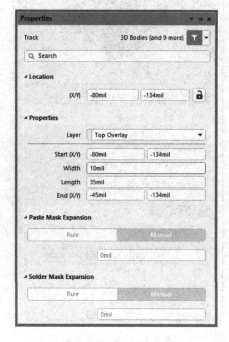

图 6-2-86　横线 3 参数

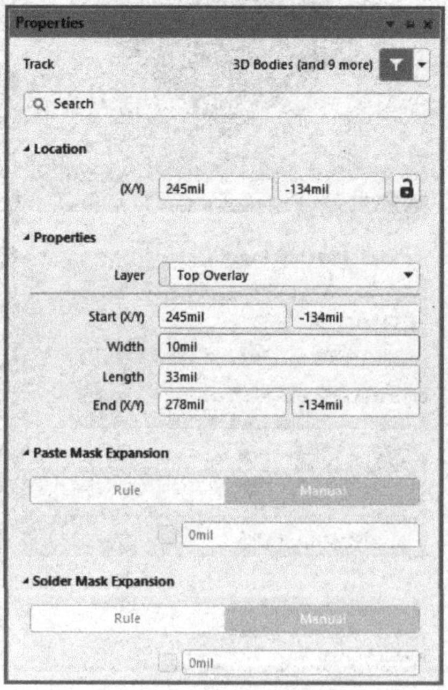

图 6-2-87　横线 4 参数

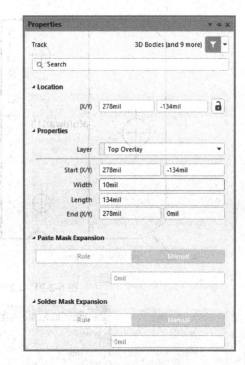

图 6-2-88 竖线 1 参数　　　　　　　　图 6-2-89 竖线 2 参数

需要将滑动开关 PCB 元件库中的封装加载到滑动开关原理图元件库中，参照 2.2.1 节中的方法即可。

至此，滑动开关元件库绘制完毕，如图 6-2-90 所示。

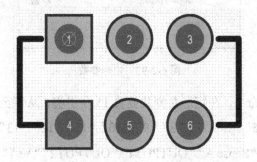

图 6-2-90 滑动开关元件库

6.2.6 L298HN 芯片元件库

切换至 "Development.SchLib" 原理图元件库绘制界面，在绘制 L298HN 芯片原理图元件库时，需要根据 L298HN 芯片的各个引脚进行编辑。L298HN 芯片引脚图如图 6-2-91 所示。

执行 Place → ▢ Rectangle 命令，将矩形放置在图纸上。双击刚刚放置的矩形，弹出 "Properties" 窗格，调节矩形的位置、高度和宽度，具体参数设置如图 6-2-92 所示。

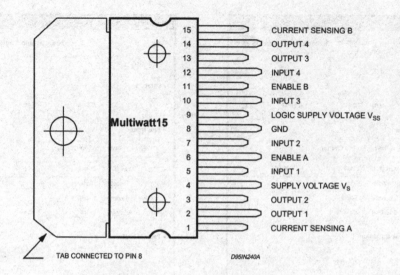

图 6-2-91　L298HN 芯片引脚图

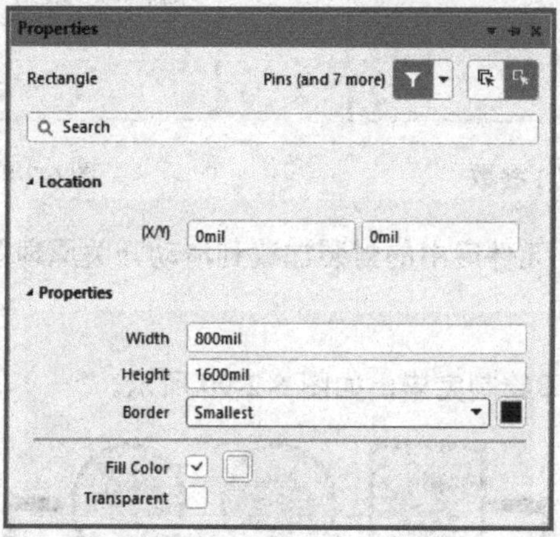

图 6-2-92　矩形参数

执行 Place → ⌐ Pin 命令，在矩形左侧共放置 15 个引脚，从下至上依次将引脚标识修改为 "1" "2" "3" "4" "5" "6" "7" "8" "9" "10" "11" "12" "13" "14" "15"，从下至上依次将引脚名称修改为 "Sense A" "OUTPUT1" "OUTPUT2" "Vs" "INPUT1" "ENABLE A" "INPUT2" "GND" "Vss" "INPUT3" "ENABLE B" "INPUT4" "OUTPUT3" "OUTPUT4" "Sense B"。

执行 Place → ⌐ Pin 命令，在矩形右侧共放置 1 个引脚，将引脚标识修改为 "16"，将引脚名称修改为 "GND"。放置完毕后，如图 6-2-93 所示。

双击 "SCH Library" 窗格中的 Component_1 选项，弹出 "Properties" 窗格，修改元件名称等参数，结果如图 6-2-94 所示。

至此，L298HN 芯片原理图元件库绘制完毕，如图 6-2-95 所示。

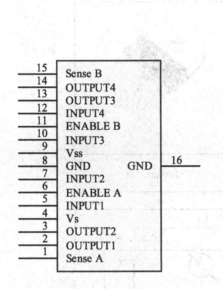

图 6-2-93 引脚放置完毕后

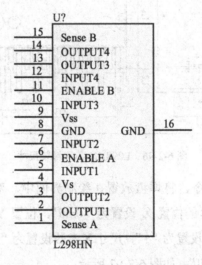

图 6-2-94 设置结果

图 6-2-95 L298HN 芯片原理图元件库

小提示

◎只有将滑动开关原理图元件库放置在原理图图纸上，才会出现 "U?" 和 "L298HN"。

切换至 "Development.PcbLib" PCB 元件库绘制界面，在绘制 L298HN 芯片 PCB 元件库时，需要根据 L298HN 芯片封装尺寸进行。L298HN 芯片封装尺寸如图 6-2-96 所示。

DIM.	mm			inch		
	MIN.	TYP.	MAX.	MIN.	TYP.	MAX.
A			5			0.197
B			2.65			0.104
C			1.6			0.063
E	0.49		0.55	0.019		0.022
F	0.66		0.75	0.026		0.030
G	1.14	1.27	1.4	0.045	0.050	0.055
G1	17.57	17.78	17.91	0.692	0.700	0.705
H1	19.6			0.772		
H2			20.2			0.795
L		20.57			0.810	
L1		18.03			0.710	
L2		2.54			0.100	
L3	17.25	17.5	17.75	0.679	0.689	0.699
L4	10.3	10.7	10.9	0.406	0.421	0.429
L5		5.28			0.208	
L6		2.38			0.094	
L7	2.65		2.9	0.104		0.114
S	1.9		2.6	0.075		0.102
S1	1.9		2.6	0.075		0.102
Dia1	3.65		3.85	0.144		0.152

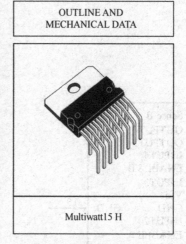

OUTLINE AND MECHANICAL DATA

Multiwatt15 H

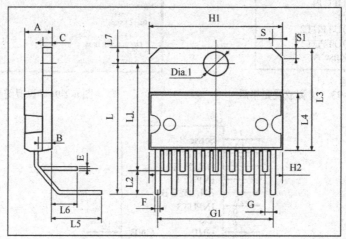

图 6-2-96　L298HN 芯片封装尺寸

执行 Place→◎ Pad 命令，将焊盘放置在绘制界面中。双击刚刚放置的焊盘，弹出"Properties"窗格，将此焊盘的位置 X 设置为"0mil"，位置 Y 设置为"0mil"，形状设置为"Rectangular"，属性标识设置为"1"，尺寸 X 参数设置为"60mil"，尺寸 Y 参数设置为"60mil"，孔径设置为"40mil"，如图 6-2-97 所示。

执行 Place→◎ Pad 命令，将焊盘放置在绘制界面中。双击刚刚放置的焊盘，弹出"Properties"窗格，将此焊盘的位置 X 设置为"50mil"，位置 Y 设置为"100mil"，形状设置为"Round"，属性标识设置为"2"，尺寸 X 参数设置为"60mil"，尺寸 Y 参数设置为"60mil"，孔径设置为"40mil"，如图 6-2-98 所示。

执行 Place→◎ Pad 命令，将焊盘放置在绘制界面中。双击刚刚放置的焊盘，弹出"Properties"窗格，将此焊盘的位置 X 设置为"100mil"，位置 Y 设置为"0mil"，形状设置为"Round"，属性标识设置为"3"，尺寸 X 参数设置为"60mil"，尺寸 Y 参数设置为"60mil"，

孔径设置为 "40mil"，如图 6-2-99 所示。

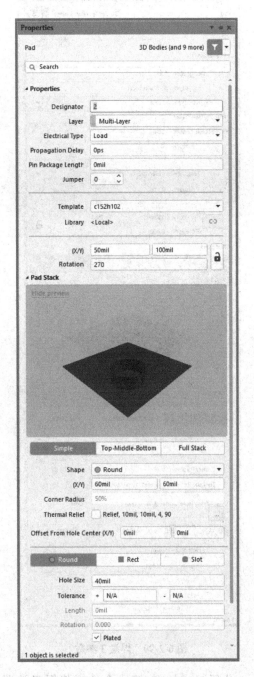

图 6-2-97　焊盘 1 参数　　　　　　　　图 6-2-98　焊盘 2 参数

　　执行 <u>P</u>lace → ◎　<u>P</u>ad 命令，将焊盘放置在绘制界面中。双击刚刚放置的焊盘，弹出 "Properties" 窗格，将此焊盘的位置 X 设置为 "150mil"，位置 Y 设置为 "100mil"，形状设置为 "Round"，属性标识设置为 "4"，尺寸 X 参数设置为 "60mil"，尺寸 Y 参数设置为 "60mil"，孔径设置为 "40mil"，如图 6-2-100 所示。

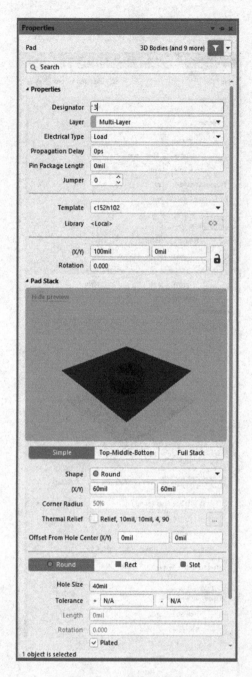

图 6-2-99　焊盘 3 参数

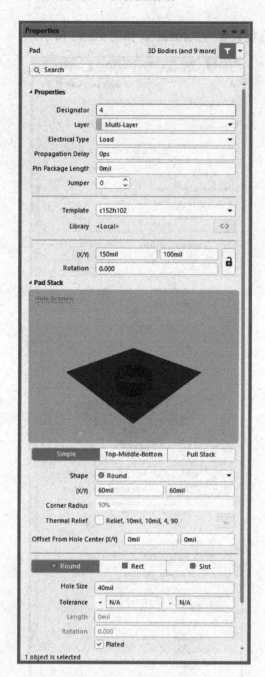

图 6-2-100　焊盘 4 参数

　　执行 Place → ◉ Pad 命令，将焊盘放置在绘制界面中。双击刚刚放置的焊盘，弹出 "Properties" 窗格，将此焊盘的位置 X 设置为 "200mil"，位置 Y 设置为 "0mil"，形状设置为 "Round"，属性标识设置为 "5"，尺寸 X 参数设置为 "60mil"，尺寸 Y 参数设置为 "60mil"，孔径设置为 "40mil"，如图 6-2-101 所示。

　　执行 Place → ◉ Pad 命令，将焊盘放置在绘制界面中。双击刚刚放置的焊盘，弹出

"Properties" 窗格，将此焊盘的位置 X 设置为 "250mil"，位置 Y 设置为 "100mil"，形状设置为 "Round"，属性标识设置为 "6"，尺寸 X 参数设置为 "60mil"，尺寸 Y 参数设置为 "60mil"，孔径设置为 "40mil"，如图 6-2-102 所示。

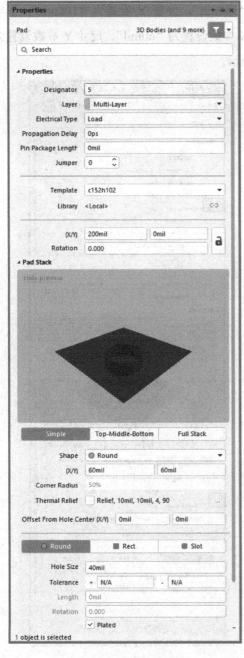

图 6-2-101　焊盘 5 参数

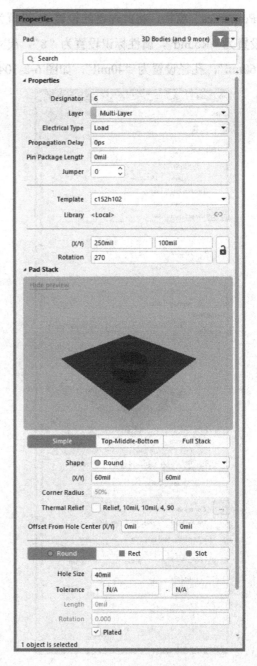

图 6-2-102　焊盘 6 参数

执行 Place → ⊙ Pad 命令，将焊盘放置在绘制界面中。双击刚刚放置的焊盘，弹出 "Properties" 窗格，将此焊盘的位置 X 设置为 "300mil"，位置 Y 设置为 "0mil"，形状设置为"Round"，属性标识设置为"7"，尺寸 X 参数设置为"60mil"，尺寸 Y 参数设置为"60mil"，孔径设置为"40mil"，如图 6-2-103 所示。

执行 Place → ◎ Pad 命令，将焊盘放置在绘制界面中。双击刚刚放置的焊盘，弹出"Properties"窗格，将此焊盘的位置 X 设置为"350mil"，位置 Y 设置为"100mil"，形状设置为"Round"，属性标识设置为"8"，尺寸 X 参数设置为"60mil"，尺寸 Y 参数设置为"60mil"，孔径设置为"40mil"，如图 6-2-104 所示。

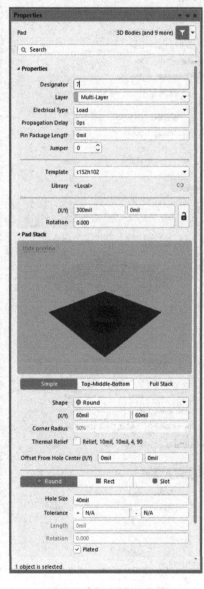

图 6-2-103 焊盘 7 参数

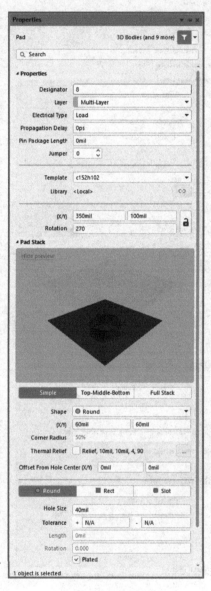

图 6-2-104 焊盘 8 参数

执行 Place → ◎ Pad 命令，将焊盘放置在绘制界面中。双击刚刚放置的焊盘，弹出"Properties"窗格，将此焊盘的位置 X 设置为"400mil"，位置 Y 设置为"0mil"，形状设

置为"Round"，属性标识设置为"9"，尺寸 X 参数设置为"60mil"，尺寸 Y 参数设置为"60mil"，孔径设置为"40mil"，如图 6-2-105 所示。

执行 Place → ◎ Pad 命令，将焊盘放置在绘制界面中。双击刚刚放置的焊盘，弹出"Properties"窗格，将此焊盘的位置 X 设置为"450mil"，位置 Y 设置为"100mil"，形状设置为"Round"，属性标识设置为"10"，尺寸 X 参数设置为"60mil"，尺寸 Y 参数设置为"60mil"，孔径设置为"40mil"，如图 6-2-106 所示。

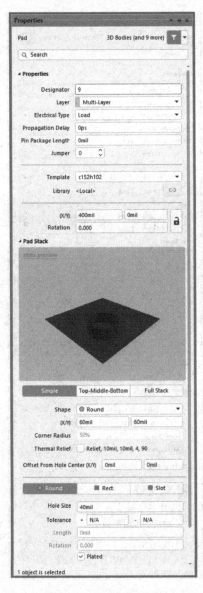
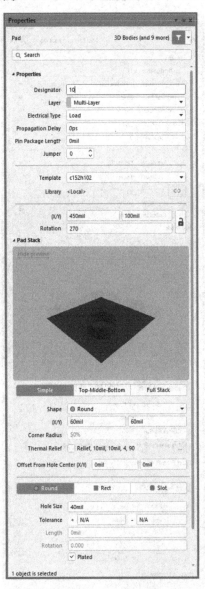

图 6-2-105　焊盘 9 参数　　　　　图 6-2-106　焊盘 10 参数

执行 Place → ◎ Pad 命令，将焊盘放置在绘制界面中。双击刚刚放置的焊盘，弹出"Properties"窗格，将此焊盘的位置 X 设置为"500mil"，位置 Y 设置为"0mil"，形状设

置为"Round"，属性标识设置为"11"，尺寸 X 参数设置为"60mil"，尺寸 Y 参数设置为"60mil"，孔径设置为"40mil"，如图 6-2-107 所示。

执行 <u>P</u>lace → ◎ <u>P</u>ad 命令，将焊盘放置在绘制界面中。双击刚刚放置的焊盘，弹出"Properties"窗格，将此焊盘的位置 X 设置为"550mil"，位置 Y 设置为"100mil"，形状设置为"Round"，属性标识设置为"12"，尺寸 X 参数设置为"60mil"，尺寸 Y 参数设置为"60mil"，孔径设置为"40mil"，如图 6-2-108 所示。

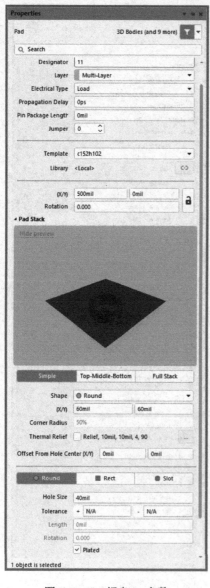

图 6-2-107　焊盘 11 参数

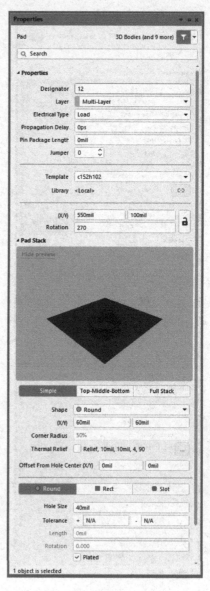

图 6-2-108　焊盘 12 参数

执行 <u>P</u>lace → ◎ <u>P</u>ad 命令，将焊盘放置在绘制界面中。双击刚刚放置的焊盘，弹出"Properties"窗格，将此焊盘的位置 X 设置为"600mil"，位置 Y 设置为"0mil"，形状设置为"Round"，属性标识设置为"13"，尺寸 X 参数设置为"60mil"，尺寸 Y 参数设置为"60mil"，孔径设置为"40mil"，如图 6-2-109 所示。

　　执行 Place → ◎ Pad 命令，将焊盘放置在绘制界面中。双击刚刚放置的焊盘，弹出"Properties"窗格，将此焊盘的位置 X 设置为"650mil"，位置 Y 设置为"100mil"，形状设置为"Round"，属性标识设置为"14"，尺寸 X 参数设置为"60mil"，尺寸 Y 参数设置为"60mil"，孔径设置为"40mil"，如图 6-2-110 所示。

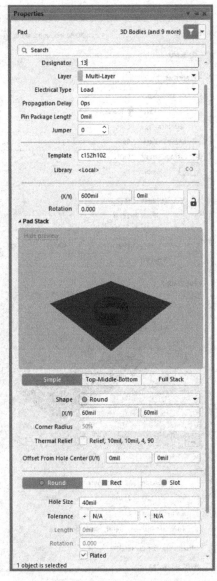
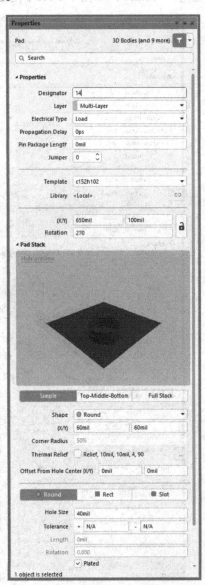

图 6-2-109　焊盘 13 参数　　　　　　　　图 6-2-110　焊盘 14 参数

　　执行 Place → ◎ Pad 命令，将焊盘放置在绘制界面中。双击刚刚放置的焊盘，弹出"Properties"窗格，将此焊盘的位置 X 设置为"700mil"，位置 Y 设置为"0mil"，形状设

置为"Round"，属性标识设置为"15"，尺寸 X 参数设置为"60mil"，尺寸 Y 参数设置为"60mil"，孔径设置为"40mil"，如图 6-2-111 所示。

执行 Place →  Pad 命令，将焊盘放置在绘制界面中。双击刚刚放置的焊盘，弹出"Properties"窗格，将此焊盘的位置 X 设置为"350mil"，位置 Y 设置为"690mil"，形状设置为"Rectangular"，属性标识设置为"16"，尺寸 X 参数设置为"315mil"，尺寸 Y 参数设置为"788mil"，如图 6-2-112 所示。

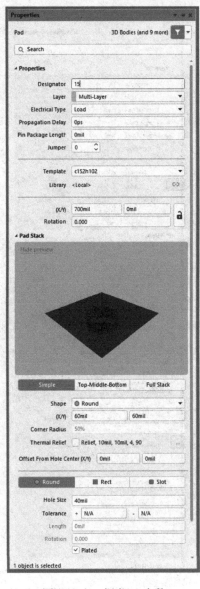

图 6-2-111　焊盘 15 参数

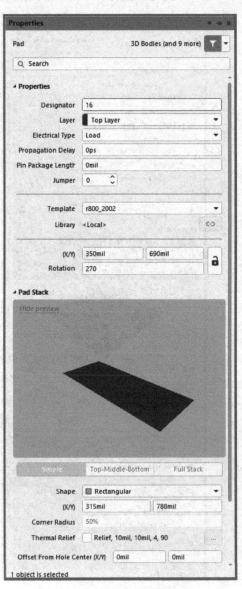

图 6-2-112　焊盘 16 参数

执行 Place → Via 命令，将过孔放置在绘制界面中。双击刚刚放置的过孔，弹出"Properties"窗格，将此过孔的位置 X 设置为"350mil"，位置 Y 设置为"690mil"，属性标识设置为"THru1:2"，孔尺寸参数设置为"142mil"，如图 6-2-113 所示。

　　切换至"Top Overlay"图层，执行 Place → ／ Line 命令，放置 2 条竖线、1 条横线。双击横线，参数设置如图 6-2-114 所示；双击第 1 条竖线，参数设置如图 6-2-115 所示；双击第 2 条竖线，参数设置如图 6-2-116 所示。

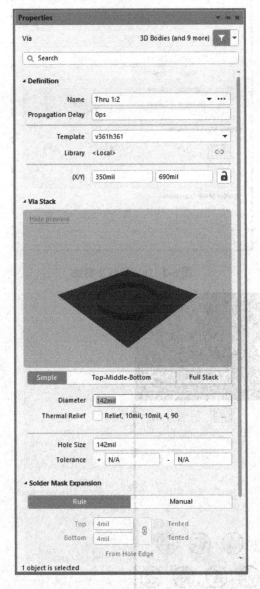

图 6-2-113　过孔参数

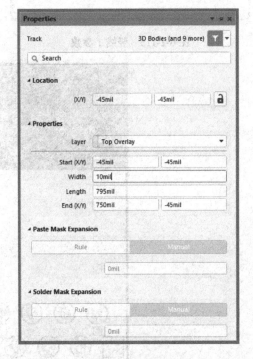

图 6-2-114　横线参数

　　需要将 L298HN 芯片 PCB 元件库中的封装加载到 L298HN 芯片原理图元件库中，参照 2.2.1 节中的方法即可。

　　至此，L298HN 芯片元件库绘制完毕，如图 6-2-117 所示。

图 6-2-115　竖线 1 参数

图 6-2-116　竖线 2 参数

图 6-2-117　L298HN 芯片元件库

6.2.7　数码管元件库

切换至"Development.SchLib"原理图元件库绘制界面，在绘制数码管原理图元件库时，需要根据数码管的各个引脚进行编辑。数码管引脚图如图 6-2-118 所示。

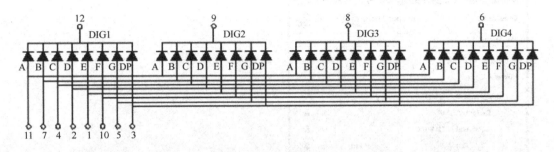

图 6-2-118　数码管引脚图

执行 Place → ▢ Rectangle 命令，将矩形放置在图纸上。双击刚刚放置的矩形，弹出 "Properties" 窗格，调节矩形的位置、高度和宽度，具体参数设置如图 6-2-119 所示。

执行 Place → ⊣ Pin 命令，在矩形左侧共放置 6 个引脚，从上至下依次将引脚标识修改为 "1" "2" "3" "4" "5" "6"，从上至下依次将引脚名称修改为 "e" "d" "dp" "c" "g" "G4"。

执行 Place → ⊣ Pin 命令，在矩形右侧共放置 6 个引脚，从下至上依次将引脚标识修改为 "7" "8" "9" "10" "11" "12"，从下至上依次将引脚名称修改为 "b" "G3" "G2" "f" "a" "G1"。引脚放置完毕后，如图 6-2-120 所示。

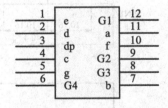

图 6-2-119　矩形参数　　　　　　　图 6-2-120　引脚放置完毕后

双击 "SCH Library" 窗格中的 ▦ Component_1 选项，弹出 "Properties" 窗格，修改元件名称等参数，结果如图 6-2-121 所示。

至此，数码管原理图元件库绘制完毕，如图 6-2-122 所示。

 小提示

◎只有将数码管原理图元件库放置在原理图图纸上，才会出现 "U?" 和 "FJ4401AG"。

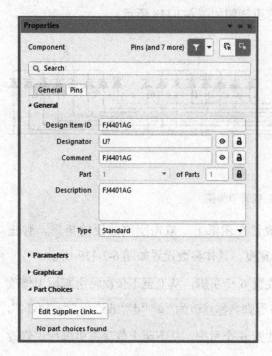

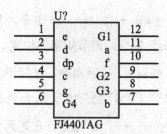

图 6-2-121　设置结果　　　　　　　　图 6-2-122　数码管原理图元件库

切换至"Development.PcbLib"PCB 元件库绘制界面，在绘制数码管 PCB 元件库时，需要根据数码管封装尺寸进行。数码管封装尺寸如图 6-2-123 所示。

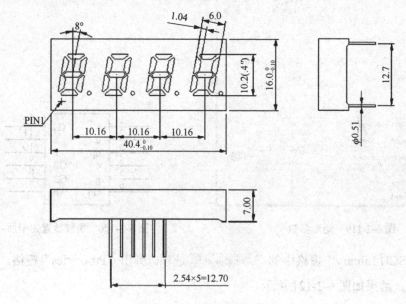

图 6-2-123　数码管封装尺寸

执行 Place → ◎ Pad 命令，将焊盘放置在绘制界面中。双击刚刚放置的焊盘，弹出 "Properties"窗格，将此焊盘的位置 X 设置为"0mil"，位置 Y 设置为"0mil"，形状设置

为"Round"，属性标识设置为"1"，尺寸 X 参数设置为"60mil"，尺寸 Y 参数设置为"60mil"，
孔径设置为"30mil"，如图 6-2-124 所示。

执行 Place → ◎ Pad 命令，将焊盘放置在绘制界面中。双击刚刚放置的焊盘，弹出
"Properties"窗格，将此焊盘的位置 X 设置为"100mil"，位置 Y 设置为"0mil"，形状设
置为"Round"，属性标识设置为"2"，尺寸 X 参数设置为"60mil"，尺寸 Y 参数设置为"60mil"，
孔径设置为"30mil"，如图 6-2-125 所示。

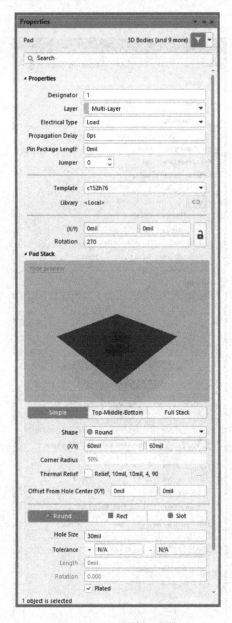

图 6-2-124　焊盘 1 参数

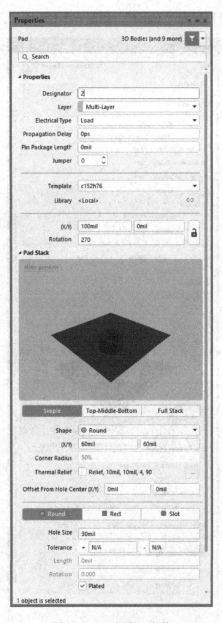

图 6-2-125　焊盘 2 参数

执行 Place → ◎ Pad 命令，将焊盘放置在绘制界面中。双击刚刚放置的焊盘，弹出

"Properties" 窗格，将此焊盘的位置 X 设置为 "200mil"，位置 Y 设置为 "0mil"，形状设置为 "Round"，属性标识设置为 "3"，尺寸 X 参数设置为 "60mil"，尺寸 Y 参数设置为 "60mil"，孔径设置为 "30mil"，如图 6-2-126 所示。

执行 Place → ⊙ Pad 命令，将焊盘放置在绘制界面中。双击刚刚放置的焊盘，弹出 "Properties" 窗格，将此焊盘的位置 X 设置为 "300mil"，位置 Y 设置为 "0mil"，形状设置为 "Round"，属性标识设置为 "4"，尺寸 X 参数设置为 "60mil"，尺寸 Y 参数设置为 "60mil"，孔径设置为 "30mil"，如图 6-2-127 所示。

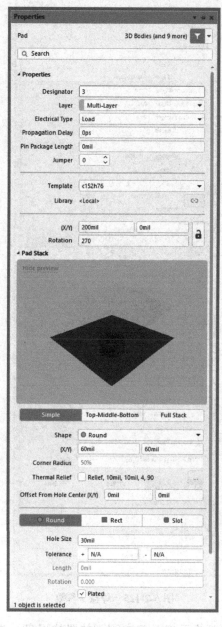
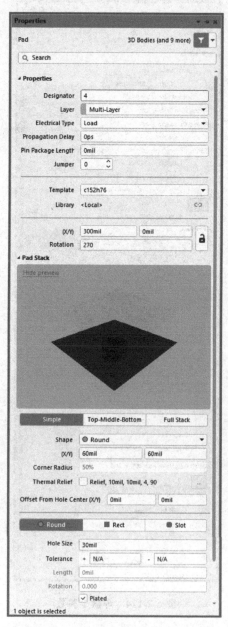

图 6-2-126　焊盘 3 参数　　　　　　　　图 6-2-127　焊盘 4 参数

　　执行 P̲lace → ◎ P̲ad 命令，将焊盘放置在绘制界面中。双击刚刚放置的焊盘，弹出"Properties"窗格，将此焊盘的位置 X 设置为"400mil"，位置 Y 设置为"0mil"，形状设置为"Round"，属性标识设置为"5"，尺寸 X 参数设置为"60mil"，尺寸 Y 参数设置为"60mil"，孔径设置为"30mil"，如图 6-2-128 所示。

　　执行 P̲lace → ◎ P̲ad 命令，将焊盘放置在绘制界面中。双击刚刚放置的焊盘，弹出"Properties"窗格，将此焊盘的位置 X 设置为"500mil"，位置 Y 设置为"0mil"，形状设置为"Round"，属性标识设置为"6"，尺寸 X 参数设置为"60mil"，尺寸 Y 参数设置为"60mil"，孔径设置为"30mil"，如图 6-2-129 所示。

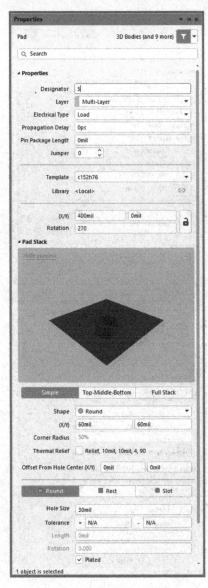
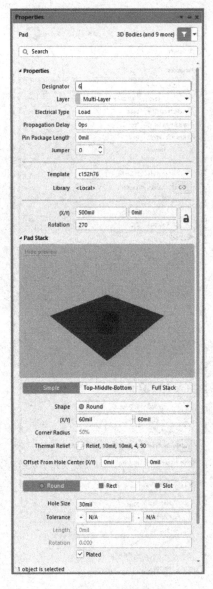

图 6-2-128　焊盘 5 参数　　　　　　　　　　图 6-2-129　焊盘 6 参数

执行 Place → ◎ Pad 命令，将焊盘放置在绘制界面中。双击刚刚放置的焊盘，弹出
"Properties" 窗格，将此焊盘的位置 X 设置为 "500mil"，位置 Y 设置为 "500mil"，形状
设置为 "Round"，属性标识设置为 "7"，尺寸 X 参数设置为 "60mil"，尺寸 Y 参数设置为
"60mil"，孔径设置为 "30mil"，如图 6-2-130 所示。

执行 Place → ◎ Pad 命令，将焊盘放置在绘制界面中。双击刚刚放置的焊盘，弹出
"Properties" 窗格，将此焊盘的位置 X 设置为 "400mil"，位置 Y 设置为 "500mil"，形状
设置为 "Round"，属性标识设置为 "8"，尺寸 X 参数设置为 "60mil"，尺寸 Y 参数设置为
"60mil"，孔径设置为 "30mil"，如图 6-2-131 所示。

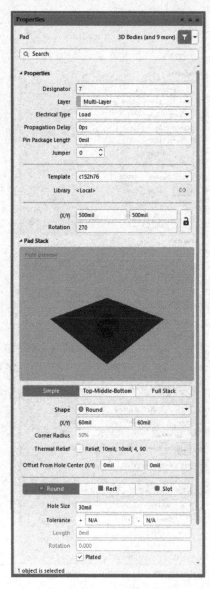

图 6-2-130　焊盘 7 参数

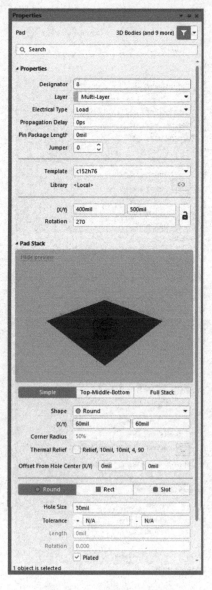

图 6-2-131　焊盘 8 参数

　　执行 Place → ◎ Pad 命令，将焊盘放置在绘制界面中。双击刚刚放置的焊盘，弹出"Properties"窗格，将此焊盘的位置 X 设置为"300mil"，位置 Y 设置为"500mil"，形状设置为"Round"，属性标识设置为"9"，尺寸 X 参数设置为"60mil"，尺寸 Y 参数设置为"60mil"，孔径设置为"30mil"，如图 6-2-132 所示。

　　执行 Place → ◎ Pad 命令，将焊盘放置在绘制界面中。双击刚刚放置的焊盘，弹出"Properties"窗格，将此焊盘的位置 X 设置为"200mil"，位置 Y 设置为"500mil"，形状设置为"Round"，属性标识设置为"10"，尺寸 X 参数设置为"60mil"，尺寸 Y 参数设置为"60mil"，孔径设置为"30mil"，如图 6-2-133 所示。

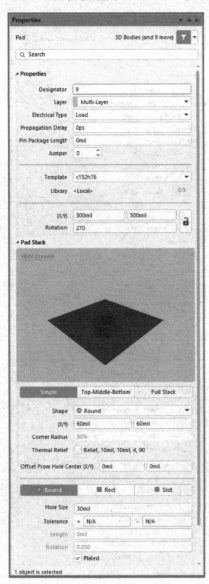
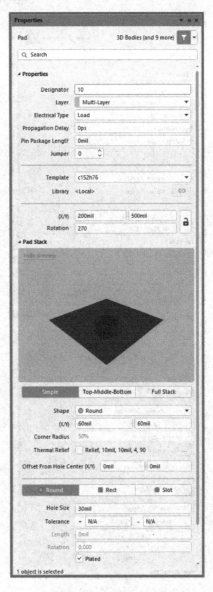

图 6-2-132　焊盘 9 参数　　　　　　　　　图 6-2-133　焊盘 10 参数

　　执行 Place → ◎ Pad 命令，将焊盘放置在绘制界面中。双击刚刚放置的焊盘，弹出"Properties"窗格，将此焊盘的位置 X 设置为"100mil"，位置 Y 设置为"500mil"，形状设置为"Round"，属性标识设置为"11"，尺寸 X 参数设置为"60mil"，尺寸 Y 参数设置为"60mil"，孔径设置为"30mil"，如图 6-2-134 所示。

　　执行 Place → ◎ Pad 命令，将焊盘放置在绘制界面中。双击刚刚放置的焊盘，弹出"Properties"窗格，将此焊盘的位置 X 设置为"0mil"，位置 Y 设置为"500mil"，形状设置为"Round"，属性标识设置为"12"，尺寸 X 参数设置为"60mil"，尺寸 Y 参数设置为"60mil"，孔径设置为"30mil"，如图 6-2-135 所示。

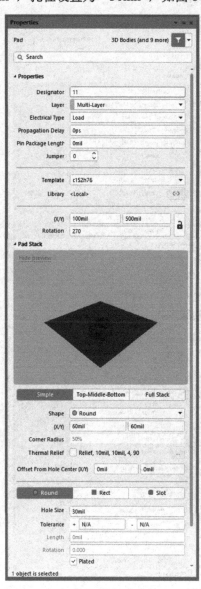

图 6-2-134　焊盘 11 参数

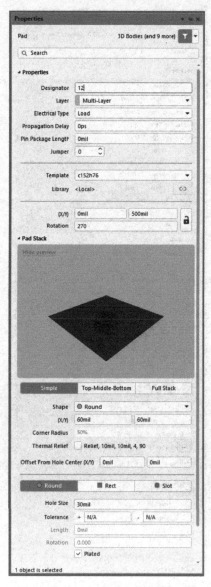

图 6-2-135　焊盘 12 参数

切换至"Top Overlay"图层，执行 Place→ ✏ Line 命令，放置 2 条竖线、2 条横线。双击第 1 条横线，参数设置如图 6-2-136 所示；双击第 2 条横线，参数设置如图 6-2-137 所示；双击第 1 条竖线，参数设置如图 6-2-138 所示；双击第 2 条竖线，参数设置如图 6-2-139 所示。

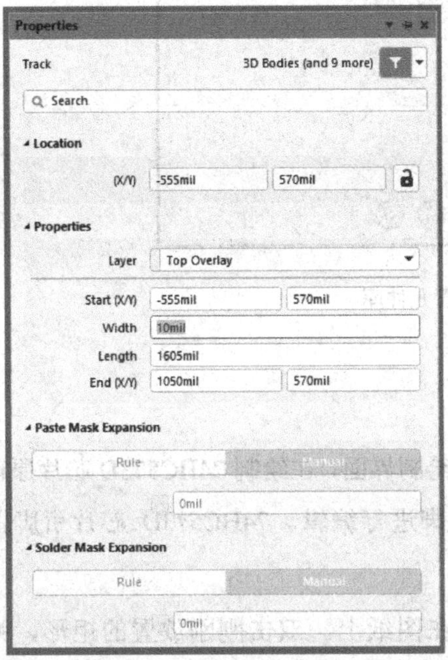

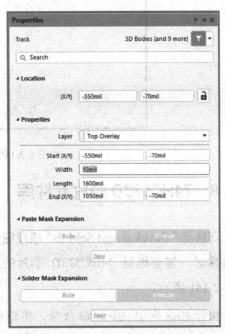

图 6-2-136　横线 1 参数　　　　　　　　　图 6-2-137　横线 2 参数

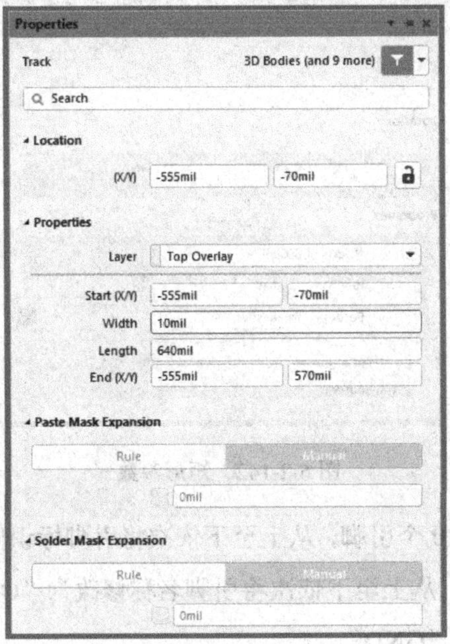

图 6-2-138　竖线 1 参数 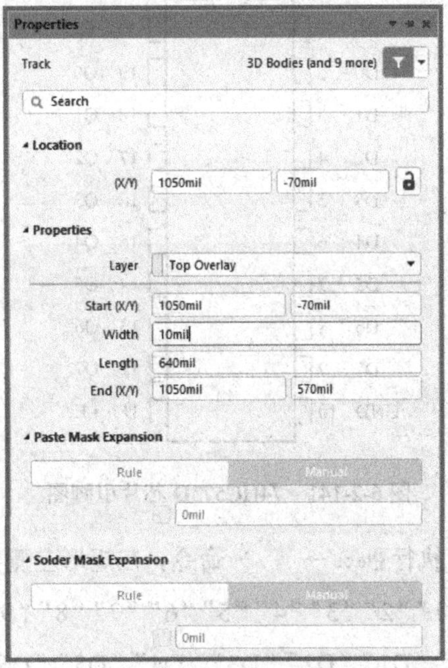　　　　　　　　　图 6-2-139　竖线 2 参数

需要将数码管 PCB 元件库中的封装加载到数码管原理图元件库中，参照 2.2.1 节中的方法即可。

至此，数码管元件库绘制完毕，如图 6-2-140 所示。

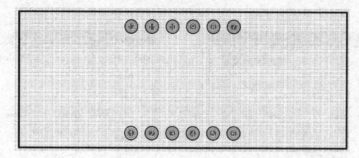

图 6-2-140 数码管元件库

6.2.8 74HC573D 芯片元件库

切换至"Development.SchLib"原理图元件库绘制界面，在绘制 74HC573D 芯片原理图元件库时，需要根据 74HC573D 芯片的各个引脚进行编辑。74HC573D 芯片引脚图如图 6-2-141 所示。

执行 Place → ▢ Rectangle 命令，将矩形放置在图纸上。双击刚刚放置的矩形，弹出"Properties"窗格，调节矩形的位置、高度和宽度，具体参数设置如图 6-2-142 所示。

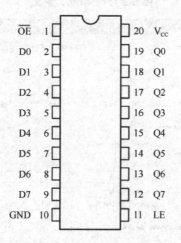

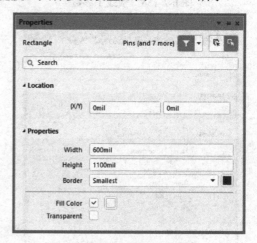

图 6-2-141 74HC573D 芯片引脚图 　　　　图 6-2-142 矩形参数

执行 Place → ⌐ Pin 命令，在矩形左侧共放置 10 个引脚，从上至下依次将引脚标识修改为"1""2""3""4""5""6""7""8""9""10"，从上至下依次将引脚名称修改为"O\E\""D0""D1""D2""D3""D4""D5""D6""D7""GND"。

执行 Place → ⌐ Pin 命令，在矩形右侧共放置 10 个引脚，从下至上依次将引脚标识修改为"11""12""13""14""15""16""17""18""19""20",从下至上依次将引脚名称修改为"LE""Q7""Q6""Q5""Q4""Q3""Q2""Q1""Q0""VCC"。引脚放置完毕后，如图 6-2-143 所示。

双击"SCH Library"窗格中的 📑 Component_1 选项，弹出"Properties"窗格，修改元件名称等参数，结果如图 6-2-144 所示。

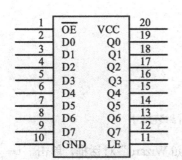

图 6-2-143 引脚放置完毕后   图 6-2-144 设置结果

至此，74HC573D 芯片原理图元件库绘制完毕，如图 6-2-145 所示。

图 6-2-145 74HC573D 芯片原理图元件库

 小提示

◎ 只有将 74HC573D 原理图元件库放置在原理图图纸上，才会出现"U?"和"74HC573D"。

切换至 "Development.PcbLib" PCB 元件库绘制界面，在绘制 74HC573D 芯片 PCB 元件库时，需要根据 74HC573D 芯片封装尺寸进行。74HC573D 芯片封装尺寸如图 6-2-146 所示。

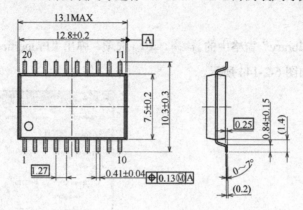

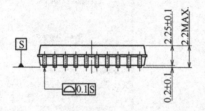

图 6-2-146　74HC573D 芯片封装尺寸

执行 <u>T</u>ools → <u>F</u>ootprint Wizard... 命令，弹出 "Footprint Wizard" 对话框，单击 Next 按钮，弹出 "Page Instructions" 界面，选择 "Small Outline Packages(SOP)" 选项，将单位设置为 "mil"，如图 6-2-147 所示。

单击 Next 按钮，弹出 "Define the pads dimensions" 界面，将焊盘形状设置为矩形，高设置为 "23.6mil"，宽设置为 "90.5mil"，如图 6-2-148 所示。

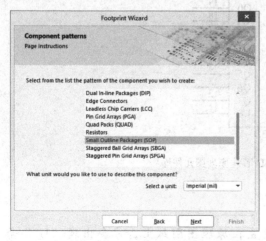

图 6-2-147　定义封装类型

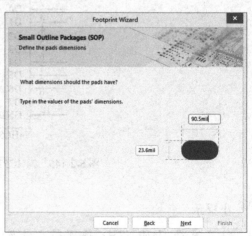

图 6-2-148　定义焊盘尺寸

单击 Next 按钮，弹出"Define the pads layout"界面，将焊盘横向间距设置为"370mil"，纵向间距设置为"50mil"，如图 6-2-149 所示。

单击 Next 按钮，弹出"Define the outline width"界面，将外形轮廓线的宽度设置为"10mil"，如图 6-2-150 所示。

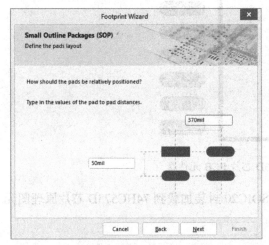 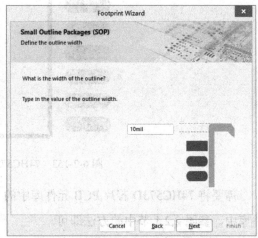

图 6-2-149　定义焊盘间距　　　　　　图 6-2-150　定义外形轮廓线的宽度

单击 Next 按钮，弹出"Set number of the pads"界面，将上方焊盘数目设置为"20"，如图 6-2-151 所示。

单击 Next 按钮，弹出"Set the component name"界面，将封装命名为"SOIC20"，如图 6-2-152 所示。

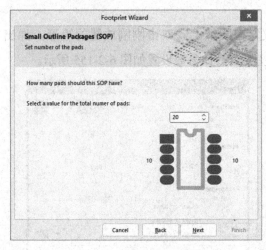 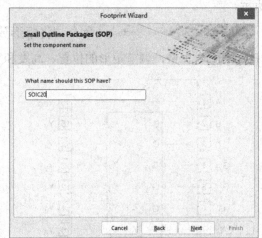

图 6-2-151　定义焊盘数目　　　　　　　　图 6-2-152　封装命名

单击 Next 按钮，弹出完成界面，单击 Finish 按钮，即可将绘制的元件放置在图纸上，如图 6-2-153 所示。

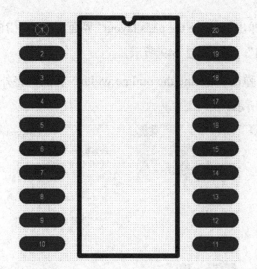

图 6-2-153　74HC573D 芯片 PCB 元件库

需要将 74HC573D 芯片 PCB 元件库中的 SOIC20 封装加载到 74HC573D 芯片原理图元件库中，参照 2.2.1 节中的方法即可。

至此，74HC573D 芯片元件库绘制完毕。

6.2.9　74LS138 芯片元件库

切换至"Development.SchLib"原理图元件库绘制界面，在绘制 74LS138 芯片原理图元件库时，需要根据 74LS138 芯片的各个引脚进行编辑。74LS138 芯片引脚图如图 6-2-154所示。

执行 Place → ▢ Rectangle 命令，将矩形放置在图纸上。双击刚刚放置的矩形，弹出"Properties"窗格，调节矩形的位置、高度和宽度，具体参数设置如图 6-2-155 所示。

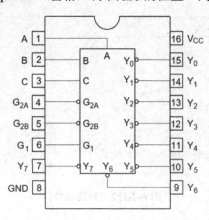

图 6-2-154　74LS138 芯片引脚图

图 6-2-155　矩形参数

执行 Place → ⌐ Pin 命令，在矩形左侧共放置 8 个引脚，从上至下依次将引脚标识修改为 "16" "6" "1" "2" "3" "4" "5" "8"，从上至下依次将引脚名称修改为 "VCC" "G1" "A" "B" "C" "G2A" "G2B" "GND"。

执行 Place → ⌐ Pin 命令，在矩形右侧共放置 8 个引脚，从下至上依次将引脚标识修改为 "7" "9" "10" "11" "12" "13" "14" "15"，从下至上依次将引脚名称修改为 "Y7" "Y6" "Y5" "Y4" "Y3" "Y2" "Y1" "Y0"。引脚放置完毕后，如图 6-2-156 所示。

双击 "SCH Library" 窗格中的 ⬚ Component_1 选项，弹出 "Properties" 窗格，修改元件名称等参数，结果如图 6-2-157 所示。

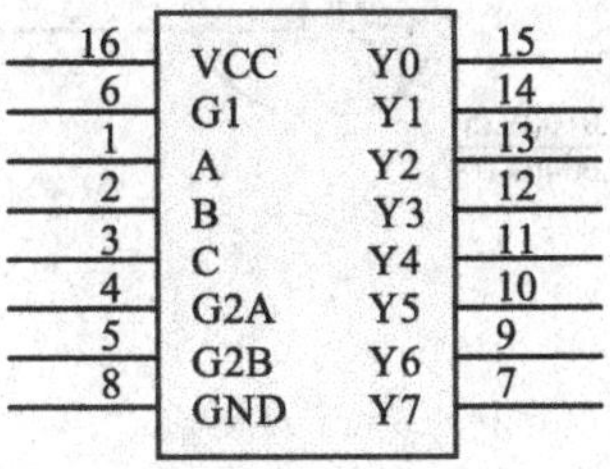

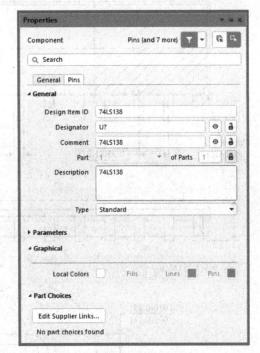

图 6-2-156　引脚放置完毕后　　　　　　　　图 6-2-157　设置结果

至此，74LS138 芯片原理图元件库绘制完毕，如图 6-2-158 所示。

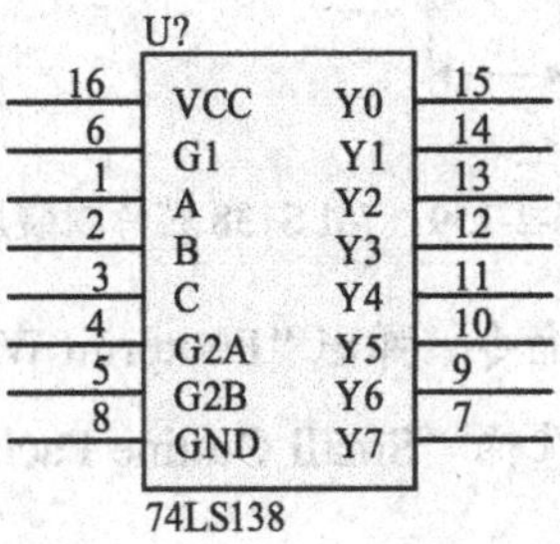

图 6-2-158　74LS138 芯片原理图元件库

小提示

◎只有将 74LS138 原理图元件库放置在原理图图纸上，才会出现"U?"和"74LS138"。

切换至"Development.PcbLib"PCB 元件库绘制界面，在绘制 74LS138 芯片 PCB 元件库时，需要根据 74LS138 芯片封装尺寸进行。74LS138 芯片封装尺寸如图 6-2-159 所示。

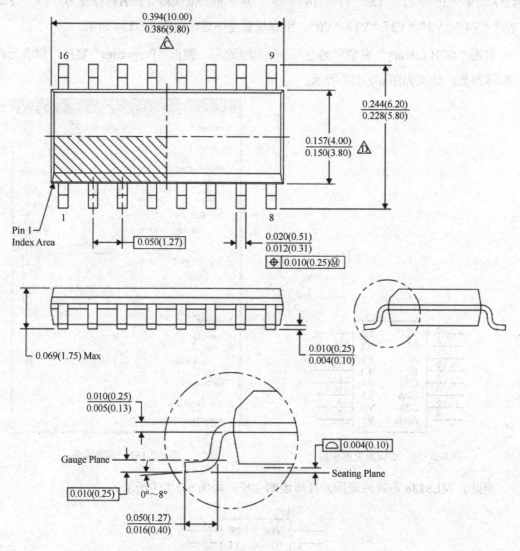

图 6-2-159　74LS138 芯片封装尺寸

执行 Tools → Footprint Wizard... 命令，弹出"Footprint Wizard"对话框，单击 Next 按钮，弹出"Page Instructions"界面，选择"Small Outline Packages(SOP)"选项，将单位设置为"mil"，如图 6-2-160 所示。

单击 Next 按钮，弹出"Define the pads dimensions"界面，将焊盘形状设置为矩形，高设置为"24mil"，宽设置为"78mil"，如图 6-2-161 所示。

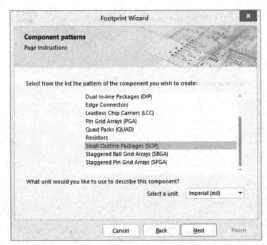
图 6-2-160　定义封装类型

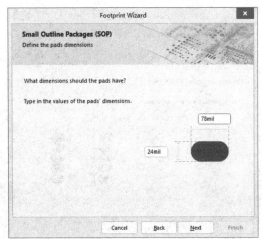
图 6-2-161　定义焊盘尺寸

单击 Next 按钮，弹出"Define the pads layout"界面，将焊盘横向间距设置为"215mil"，纵向间距设置为"50mil"，如图 6-2-162 所示。

单击 Next 按钮，弹出"Define the outline width"界面，将外形轮廓线的宽度设置为"10mil"，如图 6-2-163 所示。

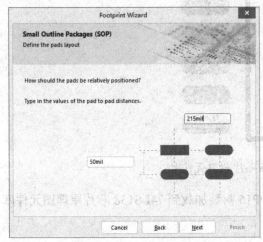
图 6-2-162　定义焊盘间距

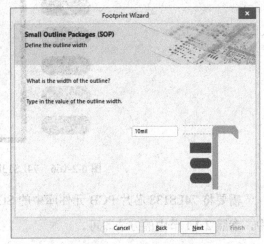
图 6-2-163　定义外形轮廓线的宽度

单击 Next 按钮，弹出"Set number of the pads"界面，将上方焊盘数目设置为"16"，如图 6-2-164 所示。

单击 Next 按钮，弹出"Set the component name"界面，将封装命名为"SOP16"，如图 6-2-165 所示。

单击 Next 按钮，弹出完成界面，单击 Finish 按钮，即可将绘制的元件放置在图纸上，如图 6-2-166 所示。

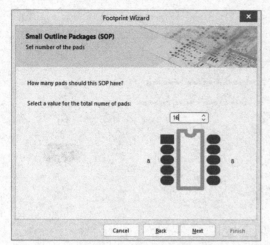

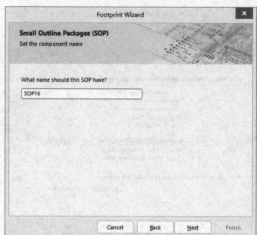

图 6-2-164　定义焊盘数目　　　　　　　　　图 6-2-165　封装命名

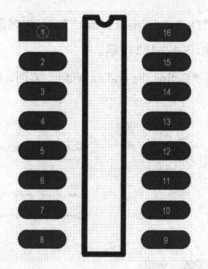

图 6-2-166　74LS138 芯片 PCB 元件库

需要将 74LS138 芯片 PCB 元件库中的 SOP16 封装加载到 74LS138 芯片原理图元件库中，参照 2.2.1 节中的方法即可。

至此，74LS138 芯片元件库绘制完毕。

6.2.10　ULN2003 芯片元件库

切换至"Development.SchLib"原理图元件库绘制界面，在绘制 ULN2003 芯片原理图元件库时，需要根据 ULN2003 芯片的各个引脚进行编辑。ULN2003 芯片引脚图如图 6-2-167 所示。

执行 Place → ▢ Rectangle 命令，将矩形放置在图纸上。双击刚刚放置的矩形，弹出"Properties"窗格，调节矩形的位置、高度和宽度，具体参数设置如图 6-2-168 所示。

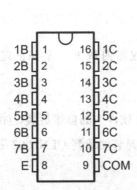

图 6-2-167　ULN2003 芯片引脚图

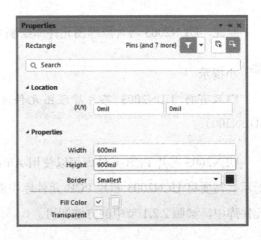

图 6-2-168　矩形参数

执行 Place → Pin 命令，在矩形左侧共放置 8 个引脚，从上至下依次将引脚标识修改为 "1" "2" "3" "4" "5" "6" "7" "8"，从上至下依次将引脚名称修改为 "1B" "2B" "3B" "4B" "5B" "6B" "7B" "E"。

执行 Place → Pin 命令，在矩形右侧共放置 8 个引脚，从下至上依次将引脚标识修改为 "9" "10" "11" "12" "13" "14" "15" "16"，从下至上依次将引脚名称修改为 "COM" "7C" "6C" "5C" "4C" "3C" "2C" "1C"。引脚放置完毕后，如图 6-2-169 所示。

双击 "SCH Library" 窗格中的 Component_1 选项，弹出 "Properties" 窗格，修改元件名称等参数，结果如图 6-2-170 所示。

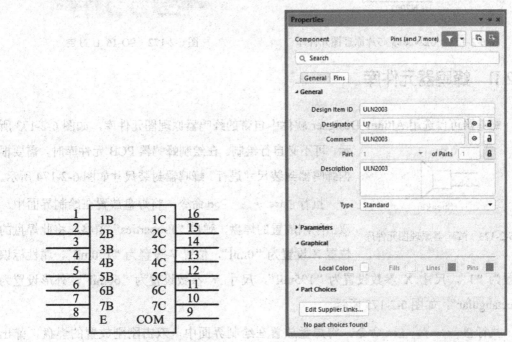

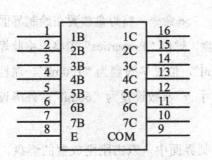

图 6-2-169　引脚放置完毕后

图 6-2-170　设置结果

至此，ULN2003 芯片原理图元件库绘制完毕，如图 6-2-171 所示。

 小提示

◎ 只有将 ULN2003 芯片原理图元件库放置在原理图图纸上，才会出现 "U?" 和
"ULN2003"。

ULN2003 芯片 PCB 元件库可以使用 Altium Designer 软件中的自带封装，如图 6-2-172
所示。需要将 ULN2003 芯片 PCB 元件库中的 SO-16_L 封装加载到 ULN2003 芯片原理图
元件库中，参照 2.2.1 节中的方法即可。

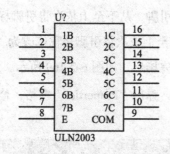

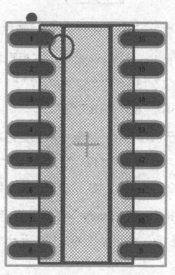

图 6-2-171　ULN2003 芯片原理图元件库　　　　图 6-2-172　SO-16_L 封装

6.2.11　蜂鸣器元件库

蜂鸣器可以选用 Altium Designer 软件中自带的蜂鸣器原理图元件库，如图 6-2-173 所
示，可不必自行绘制。在绘制蜂鸣器 PCB 元件库时，需要根
据蜂鸣器封装尺寸进行。蜂鸣器封装尺寸如图 6-2-174 所示。

执行 Place→ ◉ Pad 命令，将焊盘放置在绘制界面中。
双击刚刚放置的焊盘，弹出 "Properties" 窗格，将此焊盘的
位置 X 设置为 "0mil"，位置 Y 设置为 "150mil"，属性标识

图 6-2-173　蜂鸣器原理图元件库

设置为 "1"，尺寸 X 参数设置为 "195mil"，尺寸 Y 参数设置为 "60mil"，外形设置为
"Rectangular"，如图 6-2-175 所示。

执行 Place→ ◉ Pad 命令，将焊盘放置在绘制界面中。双击刚刚放置的焊盘，弹出
"Properties" 窗格，将此焊盘的位置 X 设置为 "0mil"，位置 Y 设置为 "-150mil"，属性标

识设置为"2"，尺寸 X 参数设置为"195mil"，尺寸 Y 参数设置为"60mil"，外形设置为
"Rectangular"，如图 6-2-176 所示。

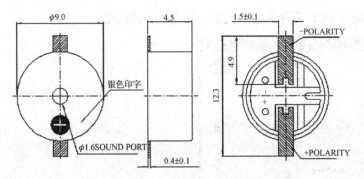

图 6-2-174　蜂鸣器封装尺寸

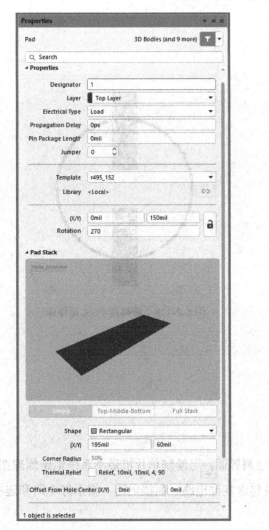

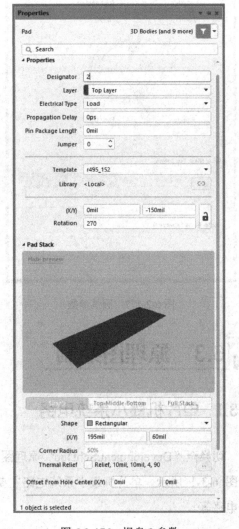

图 6-2-175　焊盘 1 参数　　　　　　　　　　　图 6-2-176　焊盘 2 参数

切换至"Top Overlay"图层，执行 Place → ⊘ Full Circle 命令，放置 1 个圆弧，双击圆弧，参数设置如图 6-2-177 所示。

至此，蜂鸣器 PCB 元件库绘制完毕，如图 6-2-178 所示。

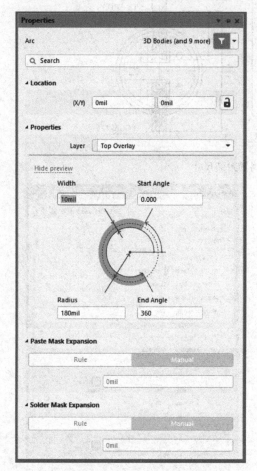

图 6-2-177　圆弧参数

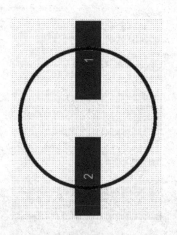

图 6-2-178　蜂鸣器 PCB 元件库

6.3　原理图绘制

6.3.1　单片机最小系统电路

切换至"Development.SchDoc"原理图绘制界面，可绘制单片机最小系统电路原理图，如图 6-3-1 所示。单片机最小系统电路主要包含复位电路、晶振电路、指示灯电路和连接器电路等。

在晶振电路中，电容 C21 的 1 个引脚通过网络标号"XTAL1"与单片机 STC12C5A60S2

的引脚 15 相连；电容 C22 的 1 个引脚通过网络标号 "XTAL2" 与单片机 STC12C5A60S2 的引脚 14 相连。

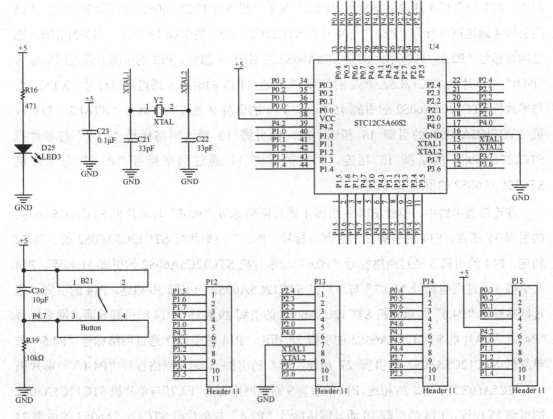

图 6-3-1 单片机最小系统电路

在复位电路中，独立按键 B21 的引脚 3 和引脚 4 通过网络标号 "P4.7" 与单片机 STC12C5A60S2 的引脚 4 相连。按下独立按键 B21，即可将单片机最小系统电路复位。

在连接器电路中，排针 P12 的引脚 1 通过网络标号 "P1.5" 与单片机 STC12C5A60S2 的引脚 1 相连，P12 的引脚 2 通过网络标号 "P1.6" 与单片机 STC12C5A60S2 的引脚 2 相连，P12 的引脚 3 通过网络标号 "P1.7" 与单片机 STC12C5A60S2 的引脚 3 相连，P12 的引脚 4 通过网络标号 "P4.7" 与单片机 STC12C5A60S2 的引脚 4 相连，P12 的引脚 5 通过网络标号 "P3.0" 与单片机 STC12C5A60S2 的引脚 5 相连，P12 的引脚 6 通过网络标号 "P4.3" 与单片机 STC12C5A60S2 的引脚 6 相连，P12 的引脚 7 通过网络标号 "P3.1" 与单片机 STC12C5A60S2 的引脚 7 相连，P12 的引脚 8 通过网络标号 "P3.2" 与单片机 STC12C5A60S2 的引脚 8 相连，P12 的引脚 9 通过网络标号 "P3.3" 与单片机 STC12C5A60S2 的引脚 9 相连，P12 的引脚 10 通过网络标号 "P3.4" 与单片机 STC12C5A60S2 的引脚 10 相连，P12 的引脚 11 通过网络标号 "P3.5" 与单片机 STC12C5A60S2 的引脚 11 相连。

在连接器电路中，排针 P13 的引脚 1 通过网络标号"P2.4"与单片机 STC12C5A60S2 的引脚 22 相连，P13 的引脚 2 通过网络标号"P2.3"与单片机 STC12C5A60S2 的引脚 21 相连，P13 的引脚 3 通过网络标号"P2.2"与单片机 STC12C5A60S2 的引脚 20 相连，P13 的引脚 4 通过网络标号"P2.1"与单片机 STC12C5A60S2 的引脚 19 相连，P13 的引脚 5 通过网络标号"P2.0"与单片机 STC12C5A60S2 的引脚 18 相连，P13 的引脚 6 通过网络标号"P4.0"与单片机 STC12C5A60S2 的引脚 17 相连，P13 的引脚 8 通过网络标号"XTAL1"与单片机 STC12C5A60S2 的引脚 15 相连，P13 的引脚 9 通过网络标号"XTAL2"与单片机 STC12C5A60S2 的引脚 14 相连，P13 的引脚 10 通过网络标号"P3.7"与单片机 STC12C5A60S2 的引脚 13 相连，P13 的引脚 11 通过网络标号"P3.6"与单片机 STC12C5A60S2 的引脚 12 相连。

在连接器电路中，排针 P14 的引脚 1 通过网络标号"P0.4"与单片机 STC12C5A60S2 的引脚 33 相连，P14 的引脚 2 通过网络标号"P0.5"与单片机 STC12C5A60S2 的引脚 32 相连，P14 的引脚 3 通过网络标号"P0.6"与单片机 STC12C5A60S2 的引脚 31 相连，P14 的引脚 4 通过网络标号"P0.7"与单片机 STC12C5A60S2 的引脚 30 相连，P14 的引脚 5 通过网络标号"P4.6"与单片机 STC12C5A60S2 的引脚 29 相连，P14 的引脚 6 通过网络标号"P4.1"与单片机 STC12C5A60S2 的引脚 28 相连，P14 的引脚 7 通过网络标号"P4.5"与单片机 STC12C5A60S2 的引脚 27 相连，P14 的引脚 8 通过网络标号"P4.4"与单片机 STC12C5A60S2 的引脚 26 相连，P14 的引脚 9 通过网络标号"P2.7"与单片机 STC12C5A60S2 的引脚 25 相连，P14 的引脚 10 通过网络标号"P2.6"与单片机 STC12C5A60S2 的引脚 24 相连，P14 的引脚 11 通过网络标号"P2.5"与单片机 STC12C5A60S2 的引脚 23 相连。

在连接器电路中，排针 P15 的引脚 1 通过网络标号"P0.3"与单片机 STC12C5A60S2 的引脚 34 相连，P15 的引脚 2 通过网络标号"P0.2"与单片机 STC12C5A60S2 的引脚 35 相连，P15 的引脚 3 通过网络标号"P0.1"与单片机 STC12C5A60S2 的引脚 36 相连，P15 的引脚 4 通过网络标号"P0.0"与单片机 STC12C5A60S2 的引脚 37 相连，P15 的引脚 6 通过网络标号"P4.2"与单片机 STC12C5A60S2 的引脚 39 相连，P15 的引脚 7 通过网络标号"P1.0"与单片机 STC12C5A60S2 的引脚 40 相连，P15 的引脚 8 通过网络标号"P1.1"与单片机 STC12C5A60S2 的引脚 41 相连，P15 的引脚 9 通过网络标号"P1.2"与单片机 STC12C5A60S2 的引脚 42 相连，P15 的引脚 10 通过网络标号"P1.3"与单片机 STC12C5A60S2 的引脚 43 相连，P15 的引脚 11 通过网络标号"P1.4"与单片机 STC12C5A60S2 的引脚 44 相连。

6.3.2 电源电路

电源电路如图 6-3-2 所示，主要由稳压芯片、发光二极管、电阻、电容、滑动开关和 USB 接插件组成。其中，接插件 P4 可接入外接电源，USB 接插件 U3 可以接入 USB 电源。若滑动开关 S1 的引脚 A1 和引脚 A2 与引脚 B1 和引脚 B2 相连，则采用 USB 电源供电；若滑动开关 S1 的引脚 C1 和引脚 C2 与引脚 B1 和引脚 B2 相连，则采用外接电源供电。

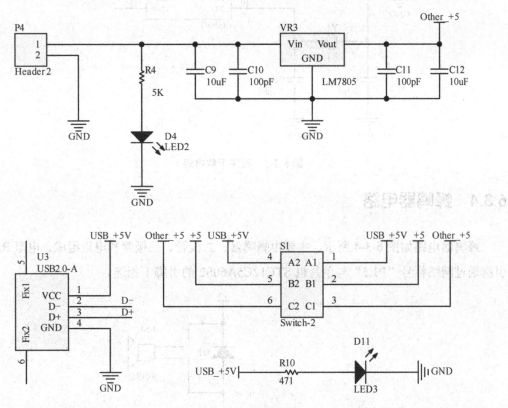

图 6-3-2 电源电路

6.3.3 程序下载电路

程序下载电路如图 6-3-3 所示，主要由 CH340T 芯片、电容和晶振组成。

元件 U1 的引脚 3 通过网络标号"P3.0"与单片机 STC12C5A60S2 的引脚 5 相连，元件 U1 的引脚 4 通过网络标号"P3.1"与单片机 STC12C5A60S2 的引脚 7 相连，元件 U1 的引脚 6 通过网络标号"D+"与元件 U3 的引脚 3 相连；元件 U1 的引脚 7 通过网络标号"D-"与元件 U3 的引脚 2 相连。

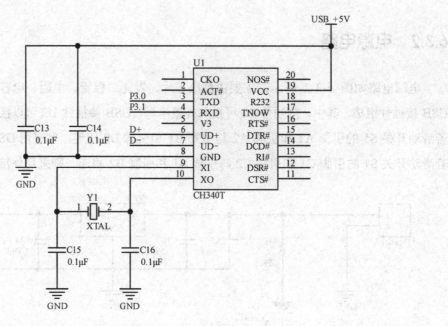

图 6-3-3　程序下载电路

6.3.4　蜂鸣器电路

　　蜂鸣器电路如图 6-3-4 所示，主要由蜂鸣器、二极管、三极管和电阻组成。电阻 R5 的引脚通过网络标号"P1.5"与单片机 STC12C5A60S2 的引脚 1 相连。

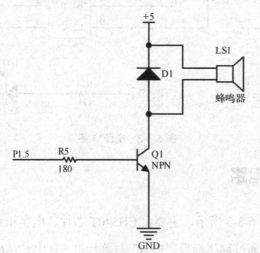

图 6-3-4　蜂鸣器电路

6.3.5　流水灯电路

　　流水灯电路如图 6-3-5 所示，主要由发光二极管和电阻组成。发光二极管 D12 的一个引脚通过网络标号"P2.0"与单片机 STC12C5A60S2 的引脚 18 相连,发光二极管 D13 的一个引脚通过网络标号"P2.1"与单片机 STC12C5A60S2 的引脚 19 相连,发光二极管 D20 的一个引脚通过网络标号"P2.2"与单片机 STC12C5A60S2 的引脚 20 相连,发光二极管 D22 的一个引脚通过网络标号"P2.3"与单片机 STC12C5A60S2 的引脚 21 相连,发光二极管 D23 的一个引脚通过网络标号"P2.4"与单片机 STC12C5A60S2 的引脚 22 相连,发光二极管 D24 的一个引脚通过网络标号"P2.5"与单片机 STC12C5A60S2 的引脚 23 相连,发光二极管 D26 的一个引脚通过网络标号"P2.6"与单片机 STC12C5A60S2 的引脚 24 相连,发光二极管 D27 的一个引脚通过网络标号"P2.7"与单片机 STC12C5A60S2 的引脚 25 相连。

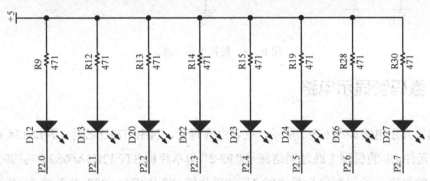

图 6-3-5 流水灯电路

6.3.6 舵机电路

舵机电路如图 6-3-6 所示,主要由发光二极管、接插件、稳压元件、电容和电阻组成。

接插件 P2 的引脚 1 通过网络标号"P4.2"与单片机 STC12C5A60S2 的引脚 39 相连,接插件 P6 的引脚 1 通过网络标号"P4.3"与单片机 STC12C5A60S2 的引脚 6 相连。

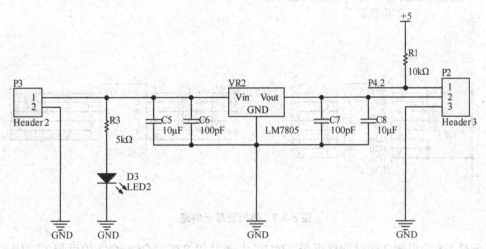

图 6-3-6 舵机电路

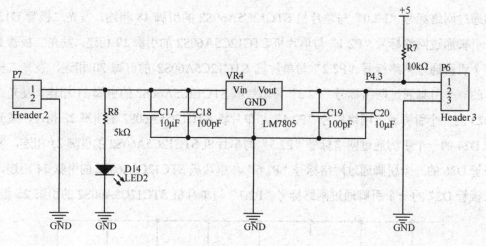

图 6-3-6   舵机电路（续）

6.3.7   数码管显示电路

数码管显示电路如图 6-3-7 所示，主要由数码管、74HC573D 芯片、74LS138 芯片和电容组成。元件 U8 的引脚 1 通过网络标号"P2.2"与单片机 STC12C5A60S2 的引脚 20 相连，元件 U8 的引脚 2 通过网络标号"P2.3"与单片机 STC12C5A60S2 的引脚 21 相连，元件 U8 的引脚 3 通过网络标号"P2.4"与单片机 STC12C5A60S2 的引脚 22 相连。

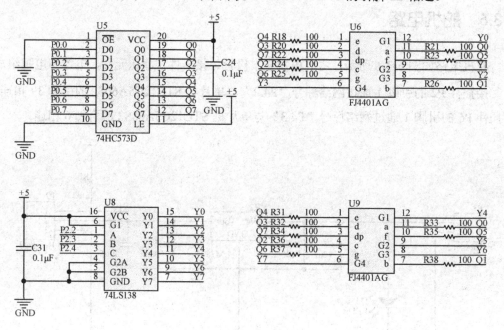

图 6-3-7   数码管显示电路

元件 U5 的引脚 2 通过网络标号"P0.0"与单片机 STC12C5A60S2 的引脚 37 相连，元件 U5 的引脚 3 通过网络标号"P0.1"与单片机 STC12C5A60S2 的引脚 36 相连，元件 U5

的引脚 4 通过网络标号"P0.2"与单片机 STC12C5A60S2 的引脚 35 相连，元件 U5 的引脚 5 通过网络标号"P0.3"与单片机 STC12C5A60S2 的引脚 34 相连，元件 U5 的引脚 6 通过网络标号"P0.4"与单片机 STC12C5A60S2 的引脚 33 相连，元件 U5 的引脚 7 通过网络标号"P0.5"与单片机 STC12C5A60S2 的引脚 32 相连，元件 U5 的引脚 8 通过网络标号"P0.6"与单片机 STC12C5A60S2 的引脚 31 相连，元件 U5 的引脚 9 通过网络标号"P0.7"与单片机 STC12C5A60S2 的引脚 30 相连。

6.3.8　直流电机电路

直流电机电路如图 6-3-8 所示，主要由接插件、稳压元件、发光二极管、二极管、电机驱动芯片和电容组成。元件 U2 的引脚 12 通过网络标号"P4.7"与单片机 STC12C5A60S2 的引脚 4 相连，元件 U2 的引脚 11 通过网络标号"P4.1"与单片机 STC12C5A60S2 的引脚 28 相连，元件 U2 的引脚 10 通过网络标号"P4.6"与单片机 STC12C5A60S2 的引脚 29 相连，元件 U2 的引脚 7 通过网络标号"P4.5"与单片机 STC12C5A60S2 的引脚 27 相连，元件 U2 的引脚 6 通过网络标号"P4.0"与单片机 STC12C5A60S2 的引脚 17 相连，元件 U2 的引脚 5 通过网络标号"P4.4"与单片机 STC12C5A60S2 的引脚 26 相连。

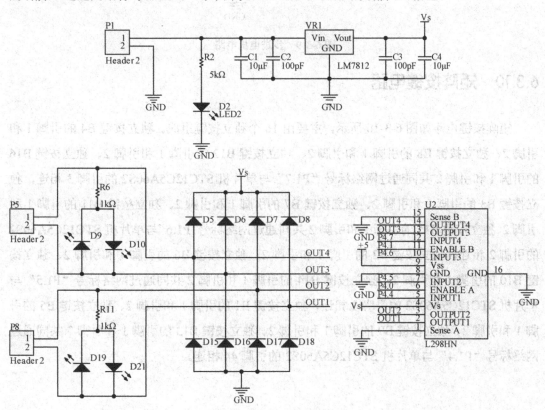

图 6-3-8　直流电机电路

6.3.9 步进电机电路

步进电机电路如图 6-3-9 所示，主要由接插件、稳压元件、发光二极管、电机驱动芯片和电容组成。元件 U7 的引脚 1 通过网络标号"P1.0"与单片机 STC12C5A60S2 的引脚 40 相连，元件 U7 的引脚 2 通过网络标号"P1.1"与单片机 STC12C5A60S2 的引脚 41 相连，元件 U7 的引脚 3 通过网络标号"P1.2"与单片机 STC12C5A60S2 的引脚 42 相连，元件 U7 的引脚 4 通过网络标号"P1.3"与单片机 STC12C5A60S2 的引脚 43 相连。

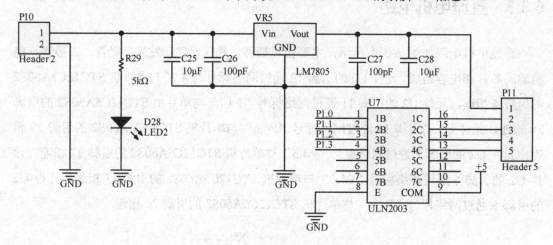

图 6-3-9 步进电机电路

6.3.10 矩阵按键电路

矩阵按键电路如图 6-3-10 所示，主要由 16 个独立按键组成。独立按键 B4 的引脚 1 和引脚 2、独立按键 B8 的引脚 1 和引脚 2、独立按键 B12 的引脚 1 和引脚 2、独立按键 B16 的引脚 1 和引脚 2 共同通过网络标号"P1.7"与单片机 STC12C5A60S2 的引脚 3 相连，独立按键 B3 的引脚 1 和引脚 2、独立按键 B7 的引脚 1 和引脚 2、独立按键 B11 的引脚 1 和引脚 2、独立按键 B15 的引脚 1 和引脚 2 共同通过网络标号"P1.6"与单片机 STC12C5A60S2 的引脚 2 相连，独立按键 B2 的引脚 1 和引脚 2、独立按键 B6 的引脚 1 和引脚 2、独立按键 B10 的引脚 1 和引脚 2、独立按键 B14 的引脚 1 和引脚 2 共同通过网络标号"P1.5"与单片机 STC12C5A60S2 的引脚 1 相连，独立按键 B1 的引脚 1 和引脚 2、独立按键 B5 的引脚 1 和引脚 2、独立按键 B9 的引脚 1 和引脚 2、独立按键 B13 的引脚 1 和引脚 2 共同通过网络标号"P1.4"与单片机 STC12C5A60S2 的引脚 44 相连。

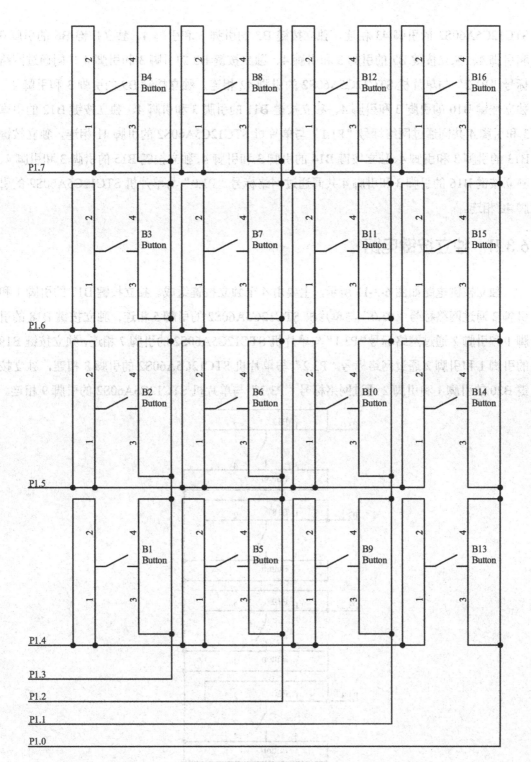

图 6-3-10 矩阵按键电路

独立按键 B1 的引脚 3 和引脚 4、独立按键 B2 的引脚 3 和引脚 4、独立按键 B3 的引脚
3 和引脚 4、独立按键 B4 的引脚 3 和引脚 4 共同通过网络标号"P1.3"与单片机

STC12C5A60S2 的引脚 43 相连，独立按键 B5 的引脚 3 和引脚 4、独立按键 B6 的引脚 3 和引脚 4、独立按键 B7 的引脚 3 和引脚 4、独立按键 B8 的引脚 3 和引脚 4 共同通过网络标号 "P1.2" 与单片机 STC12C5A60S2 的引脚 42 相连，独立按键 B9 的引脚 3 和引脚 4、独立按键 B10 的引脚 3 和引脚 4、独立按键 B11 的引脚 3 和引脚 4、独立按键 B12 的引脚 3 和引脚 4 共同通过网络标号 "P1.1" 与单片机 STC12C5A60S2 的引脚 41 相连，独立按键 B13 的引脚 3 和引脚 4、独立按键 B14 的引脚 3 和引脚 4、独立按键 B15 的引脚 3 和引脚 4、独立按键 B16 的引脚 3 和引脚 4 共同通过网络标号 "P1.0" 与单片机 STC12C5A60S2 的引脚 40 相连。

6.3.11 独立按键电路

独立按键电路如图 6-3-11 所示，主要由 4 个独立按键组成。独立按键 B17 的引脚 1 和引脚 2 通过网络标号 "P3.0" 与单片机 STC12C5A60S2 的引脚 5 相连，独立按键 B18 的引脚 1 和引脚 2 通过网络标号 "P3.1" 与单片机 STC12C5A60S2 的引脚 7 相连，独立按键 B19 的引脚 1 和引脚 2 通过网络标号 "P3.2" 与单片机 STC12C5A60S2 的引脚 8 相连，独立按键 B20 的引脚 1 和引脚 2 通过网络标号 "P3.3" 与单片机 STC12C5A60S2 的引脚 9 相连。

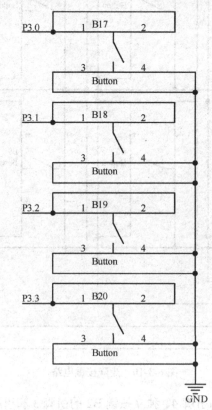

图 6-3-11 独立按键电路

6.3.12 LCD1602 显示屏电路

LCD1602 显示屏电路如图 6-3-12 所示，主要由电容、电阻和接插件组成。接插件 P9 的引脚 4 通过网络标号"P3.7"与单片机 STC12C5A60S2 的引脚 13 相连，接插件 P9 的引脚 5 通过网络标号"P3.6"与单片机 STC12C5A60S2 的引脚 12 相连，接插件 P9 的引脚 6 通过网络标号"P1.4"与单片机 STC12C5A60S2 的引脚 44 相连，接插件 P9 的引脚 7 通过网络标号"P0.0"与单片机 STC12C5A60S2 的引脚 37 相连，接插件 P9 的引脚 8 通过网络标号"P0.1"与单片机 STC12C5A60S2 的引脚 36 相连，接插件 P9 的引脚 9 通过网络标号"P0.2"与单片机 STC12C5A60S2 的引脚 35 相连，接插件 P9 的引脚 10 通过网络标号"P0.3"与单片机 STC12C5A60S2 的引脚 34 相连，接插件 P9 的引脚 11 通过网络标号"P0.4"与单片机 STC12C5A60S2 的引脚 33 相连，接插件 P9 的引脚 12 通过网络标号"P0.5"与单片机 STC12C5A60S2 的引脚 32 相连，接插件 P9 的引脚 13 通过网络标号"P0.6"与单片机 STC12C5A60S2 的引脚 31 相连，接插件 P9 的引脚 14 通过网络标号"P0.7"与单片机 STC12C5A60S2 的引脚 30 相连。

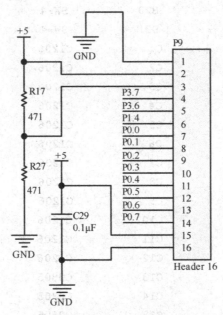

图 6-3-12 LCD1602 显示屏电路

执行 <u>D</u>esign → <u>N</u>etlist For Document → <u>W</u>ireList 命令，导出 Netlist，可以显示各个元件的连接情况。Netlist 如下：

```
Wire List
<<< Component List >>>
Button                        B1              SW-4
```

Button	B2	SW-4
Button	B3	SW-4
Button	B4	SW-4
Button	B5	SW-4
Button	B6	SW-4
Button	B7	SW-4
Button	B8	SW-4
Button	B9	SW-4
Button	B10	SW-4
Button	B11	SW-4
Button	B12	SW-4
Button	B13	SW-4
Button	B14	SW-4
Button	B15	SW-4
Button	B16	SW-4
Button	B17	SW-4
Button	B18	SW-4
Button	B19	SW-4
Button	B20	SW-4
Button	B21	SW-4
Cap	C1	C1206
Cap	C2	C1206
Cap	C3	C1206
Cap	C4	C1206
Cap	C5	C1206
Cap	C6	C1206
Cap	C7	C1206
Cap	C8	C1206
Cap	C9	C1206
Cap	C10	C1206
Cap	C11	C1206
Cap	C12	C1206
Cap	C13	C0805
Cap	C14	C0805
Cap	C15	C0805
Cap	C16	C0805
Cap	C17	C1206
Cap	C18	C1206
Cap	C19	C1206
Cap	C20	C1206
Cap	C21	C0805
Cap	C22	C0805
Cap	C23	C0805

Cap	C24	C0805
Cap	C25	C1206
Cap	C26	C1206
Cap	C27	C1206
Cap	C28	C1206
Cap	C29	C0805
Cap2	C30	CAPR5-4X5
Cap	C31	C0805
Diode 1N4148	D1	DIODE_SMC
LED2	D2	3.5X2.8X1.9
LED2	D3	3.5X2.8X1.9
LED2	D4	3.5X2.8X1.9
Diode 1N4148	D5	DIODE_SMC
Diode 1N4148	D6	DIODE_SMC
Diode 1N4148	D7	DIODE_SMC
Diode 1N4148	D8	DIODE_SMC
LED3	D9	3.2X1.6X1.1
LED3	D10	3.2X1.6X1.1
LED3	D11	3.2X1.6X1.1
LED3	D12	3.2X1.6X1.1
LED3	D13	3.2X1.6X1.1
LED2	D14	3.5X2.8X1.9
Diode 1N4148	D15	DIODE_SMC
Diode 1N4148	D16	DIODE_SMC
Diode 1N4148	D17	DIODE_SMC
Diode 1N4148	D18	DIODE_SMC
LED3	D19	3.2X1.6X1.1
LED3	D20	3.2X1.6X1.1
LED3	D21	3.2X1.6X1.1
LED3	D22	3.2X1.6X1.1
LED3	D23	3.2X1.6X1.1
LED3	D24	3.2X1.6X1.1
LED3	D25	3.2X1.6X1.1
LED3	D26	3.2X1.6X1.1
LED3	D27	3.2X1.6X1.1
LED2	D28	3.5X2.8X1.9
Speaker	LS1	Speaker
Header 2	P1	XH-2P
Header 3	P2	HDR1X3
Header 2	P3	XH-2P
Header 2	P4	XH-2P
Header 2	P5	XH-2P
Header 3	P6	HDR1X3

```
Header 2          P7        XH-2P
Header 2          P8        XH-2P
Header 16         P9        HDR1X16
Header 2          P10       XH-2P
Header 5          P11       HDR1X5
Header 11         P12       HDR1X11
Header 11         P13       HDR1X11
Header 11         P14       HDR1X11
Header 11         P15       HDR1X11
NPN               Q1        SOT-23_L
Res1              R1        6-0805_L
Res1              R2        6-0805_N
Res1              R3        6-0805_N
Res1              R4        6-0805_N
Res1              R5        6-0805_L
Res1              R6        6-0805_L
Res1              R7        6-0805_L
Res1              R8        6-0805_N
Res1              R9        6-0805_L
Res1              R10       6-0805_L
Res1              R11       6-0805_L
Res1              R12       6-0805_L
Res1              R13       6-0805_L
Res1              R14       6-0805_L
Res1              R15       6-0805_L
Res1              R16       6-0805_L
Res1              R17       6-0805_L
Res1              R18       6-0805_L
Res1              R19       6-0805_L
Res1              R20       6-0805_L
Res1              R21       6-0805_L
Res1              R22       6-0805_L
Res1              R23       6-0805_L
Res1              R24       6-0805_L
Res1              R25       6-0805_L
Res1              R26       6-0805_L
Res1              R27       6-0805_L
Res1              R28       6-0805_L
Res1              R29       6-0805_N
Res1              R30       6-0805_L
Res1              R31       6-0805_L
Res1              R32       6-0805_L
Res1              R33       6-0805_L
```

```
Res1                      R34        6-0805_L
Res1                      R35        6-0805_L
Res1                      R36        6-0805_L
Res1                      R37        6-0805_L
Res1                      R38        6-0805_L
Res1                      R39        6-0805_L
Switch-2                  S1         SW-6
CH340T                    U1         SSOP-20
L298HN                    U2         L298HN
USB2.0-A                  U3         USB2.0-A
STC12C5A60S2              U4         LQFP-44
74HC573D                  U5         SOIC20
FJ4401AG                  U6         FJ4401AG
ULN2003                   U7         SO-16_L
74LS138                   U8         SOP16
FJ4401AG                  U9         FJ4401AG
LM7812                    VR1        D2PAK_L
LM7805                    VR2        D2PAK_L
LM7805                    VR3        D2PAK_L
LM7805                    VR4        D2PAK_L
LM7805                    VR5        D2PAK_L
XTAL                      Y1         R38
XTAL                      Y2         R38
```

```
<<< Wire List >>>

   NODE  REFERENCE  PIN #   PIN NAME      PIN TYPE    PART VALUE


[00001] +5
         B21       1        1             PASSIVE     Button
         B21       2        2             PASSIVE     Button
         C23       2        2             PASSIVE     Cap
         C24       2        2             PASSIVE     Cap
         C29       2        2             PASSIVE     Cap
         C30       1        1             PASSIVE     Cap2
         C31       2        2             PASSIVE     Cap
         D1        2        K             PASSIVE     Diode 1N4148
         LS1       1        1             PASSIVE     Speaker
         P9        2        2             PASSIVE     Header 16
         P9        15       15            PASSIVE     Header 16
         P15       5        5             PASSIVE     Header 11
         R1        2        2             PASSIVE     Res1
         R7        2        2             PASSIVE     Res1
```

R9	2	2	PASSIVE	Res1
R12	2	2	PASSIVE	Res1
R13	2	2	PASSIVE	Res1
R14	2	2	PASSIVE	Res1
R15	2	2	PASSIVE	Res1
R16	2	2	PASSIVE	Res1
R17	2	2	PASSIVE	Res1
R19	2	2	PASSIVE	Res1
R28	2	2	PASSIVE	Res1
R30	2	2	PASSIVE	Res1
S1	2	B1	PASSIVE	Switch-2
S1	5	B2	PASSIVE	Switch-2
U2	9	Vss	PASSIVE	L298HN
U4	38	VCC	PASSIVE	STC12C5A60S2
U5	11	LE	PASSIVE	74HC573D
U5	20	VCC	PASSIVE	74HC573D
U7	9	COM	PASSIVE	ULN2003
U8	6	G1	PASSIVE	74LS138
U8	16	VCC	PASSIVE	74LS138

[00002] D+

U1	6	UD+	PASSIVE	CH340T
U3	3	D+	PASSIVE	USB2.0-A

[00003] D-

U1	7	UD-	PASSIVE	CH340T
U3	2	D-	PASSIVE	USB2.0-A

[00004] GND

B17	3	3	PASSIVE	Button
B17	4	4	PASSIVE	Button
B18	3	3	PASSIVE	Button
B18	4	4	PASSIVE	Button
B19	3	3	PASSIVE	Button
B19	4	4	PASSIVE	Button
B20	3	3	PASSIVE	Button
B20	4	4	PASSIVE	Button
C1	1	1	PASSIVE	Cap
C2	1	1	PASSIVE	Cap
C3	1	1	PASSIVE	Cap
C4	1	1	PASSIVE	Cap
C5	1	1	PASSIVE	Cap
C6	1	1	PASSIVE	Cap

C7	1	1	PASSIVE	Cap
C8	1	1	PASSIVE	Cap
C9	1	1	PASSIVE	Cap
C10	1	1	PASSIVE	Cap
C11	1	1	PASSIVE	Cap
C12	1	1	PASSIVE	Cap
C13	1	1	PASSIVE	Cap
C14	1	1	PASSIVE	Cap
C15	1	1	PASSIVE	Cap
C16	1	1	PASSIVE	Cap
C17	1	1	PASSIVE	Cap
C18	1	1	PASSIVE	Cap
C19	1	1	PASSIVE	Cap
C20	1	1	PASSIVE	Cap
C21	1	1	PASSIVE	Cap
C22	1	1	PASSIVE	Cap
C23	1	1	PASSIVE	Cap
C24	1	1	PASSIVE	Cap
C25	1	1	PASSIVE	Cap
C26	1	1	PASSIVE	Cap
C27	1	1	PASSIVE	Cap
C28	1	1	PASSIVE	Cap
C29	1	1	PASSIVE	Cap
C31	1	1	PASSIVE	Cap
D2	2	K	PASSIVE	LED2
D3	2	K	PASSIVE	LED2
D4	2	K	PASSIVE	LED2
D11	2	K	PASSIVE	LED3
D14	2	K	PASSIVE	LED2
D15	1	A	PASSIVE	Diode 1N4148
D16	1	A	PASSIVE	Diode 1N4148
D17	1	A	PASSIVE	Diode 1N4148
D18	1	A	PASSIVE	Diode 1N4148
D25	2	K	PASSIVE	LED3
D28	2	K	PASSIVE	LED2
P1	2	2	PASSIVE	Header 2
P2	3	3	PASSIVE	Header 3
P3	2	2	PASSIVE	Header 2
P4	2	2	PASSIVE	Header 2
P6	3	3	PASSIVE	Header 3
P7	2	2	PASSIVE	Header 2
P9	1	1	PASSIVE	Header 16
P9	16	16	PASSIVE	Header 16

P10	2	2	PASSIVE	Header 2
P13	7	7	PASSIVE	Header 11
Q1	3	E	PASSIVE	NPN
R27	1	1	PASSIVE	Res1
R39	1	1	PASSIVE	Res1
U1	8	GND	PASSIVE	CH340T
U2	1	Sense A	PASSIVE	L298HN
U2	8	GND	PASSIVE	L298HN
U2	15	Sense B	PASSIVE	L298HN
U2	16	GND	PASSIVE	L298HN
U3	4	GND	PASSIVE	USB2.0-A
U4	16	GND	PASSIVE	STC12C5A60S2
U5	1	O\E\	PASSIVE	74HC573D
U5	10	GND	PASSIVE	74HC573D
U7	8	E	PASSIVE	ULN2003
U8	4	G2A	PASSIVE	74LS138
U8	5	G2B	PASSIVE	74LS138
U8	8	GND	PASSIVE	74LS138
VR1	2	GND	PASSIVE	LM7812
VR2	2	GND	PASSIVE	LM7805
VR3	2	GND	PASSIVE	LM7805
VR4	2	GND	PASSIVE	LM7805
VR5	2	GND	PASSIVE	LM7805
Y1	1	OSC1	PASSIVE	XTAL
Y1	2	OSC2	PASSIVE	XTAL
Y2	1	OSC1	PASSIVE	XTAL
Y2	2	OSC2	PASSIVE	XTAL

[00005] NetC1_2

C1	2	2	PASSIVE	Cap
C2	2	2	PASSIVE	Cap
P1	1	1	PASSIVE	Header 2
R2	2	2	PASSIVE	Res1
VR1	1	Vin	PASSIVE	LM7812

[00006] NetC5_2

C5	2	2	PASSIVE	Cap
C6	2	2	PASSIVE	Cap
P3	1	1	PASSIVE	Header 2
R3	2	2	PASSIVE	Res1
VR2	1	Vin	PASSIVE	LM7805

[00007] NetC7_2

C7	2	2	PASSIVE	Cap
C8	2	2	PASSIVE	Cap
P2	2	2	PASSIVE	Header 3
VR2	3	Vout	PASSIVE	LM7805

[00008] NetC9_2

C9	2	2	PASSIVE	Cap
C10	2	2	PASSIVE	Cap
P4	1	1	PASSIVE	Header 2
R4	2	2	PASSIVE	Res1
VR3	1	Vin	PASSIVE	LM7805

[00009] NetC15_2

C15	2	2	PASSIVE	Cap
U1	9	XI	PASSIVE	CH340T

[00010] NetC16_2

C16	2	2	PASSIVE	Cap
U1	10	XO	PASSIVE	CH340T

[00011] NetC17_2

C17	2	2	PASSIVE	Cap
C18	2	2	PASSIVE	Cap
P7	1	1	PASSIVE	Header 2
R8	2	2	PASSIVE	Res1
VR4	1	Vin	PASSIVE	LM7805

[00012] NetC19_2

C19	2	2	PASSIVE	Cap
C20	2	2	PASSIVE	Cap
P6	2	2	PASSIVE	Header 3
VR4	3	Vout	PASSIVE	LM7805

[00013] NetC25_2

C25	2	2	PASSIVE	Cap
C26	2	2	PASSIVE	Cap
P10	1	1	PASSIVE	Header 2
R29	2	2	PASSIVE	Res1
VR5	1	Vin	PASSIVE	LM7805

[00014] NetC27_2

C27	2	2	PASSIVE	Cap
C28	2	2	PASSIVE	Cap

P11	1	1	PASSIVE	Header 5
VR5	3	Vout	PASSIVE	LM7805

[00015] NetD1_1

D1	1	A	PASSIVE	Diode 1N4148
LS1	2	2	PASSIVE	Speaker
Q1	1	C	PASSIVE	NPN

[00016] NetD2_1

D2	1	A	PASSIVE	LED2
R2	1	1	PASSIVE	Res1

[00017] NetD3_1

D3	1	A	PASSIVE	LED2
R3	1	1	PASSIVE	Res1

[00018] NetD4_1

D4	1	A	PASSIVE	LED2
R4	1	1	PASSIVE	Res1

[00019] NetD9_2

D9	2	K	PASSIVE	LED3
D10	1	A	PASSIVE	LED3
R6	1	1	PASSIVE	Res1

[00020] NetD11_1

D11	1	A	PASSIVE	LED3
R10	1	1	PASSIVE	Res1

[00021] NetD12_1

D12	1	A	PASSIVE	LED3
R9	1	1	PASSIVE	Res1

[00022] NetD13_1

D13	1	A	PASSIVE	LED3
R12	1	1	PASSIVE	Res1

[00023] NetD14_1

D14	1	A	PASSIVE	LED2
R8	1	1	PASSIVE	Res1

[00024] NetD19_2

D19	2	K	PASSIVE	LED3

```
         D21        1        A        PASSIVE    LED3
         R11        1        1        PASSIVE    Res1


[00025] NetD20_1
         D20        1        A        PASSIVE    LED3
         R13        1        1        PASSIVE    Res1


[00026] NetD22_1
         D22        1        A        PASSIVE    LED3
         R14        1        1        PASSIVE    Res1


[00027] NetD23_1
         D23        1        A        PASSIVE    LED3
         R15        1        1        PASSIVE    Res1


[00028] NetD24_1
         D24        1        A        PASSIVE    LED3
         R19        1        1        PASSIVE    Res1


[00029] NetD25_1
         D25        1        A        PASSIVE    LED3
         R16        1        1        PASSIVE    Res1


[00030] NetD26_1
         D26        1        A        PASSIVE    LED3
         R28        1        1        PASSIVE    Res1


[00031] NetD27_1
         D27        1        A        PASSIVE    LED3
         R30        1        1        PASSIVE    Res1


[00032] NetD28_1
         D28        1        A        PASSIVE    LED2
         R29        1        1        PASSIVE    Res1


[00033] NetP9_3
         P9         3        3        PASSIVE    Header 16
         R17        1        1        PASSIVE    Res1
         R27        2        2        PASSIVE    Res1


[00034] NetP11_2
         P11        2        2        PASSIVE    Header 5
         U7         16       1C       PASSIVE    ULN2003
```

```
[00035] NetP11_3
     P11        3        3        PASSIVE    Header 5
     U7         15       2C       PASSIVE    ULN2003

[00036] NetP11_4
     P11        4        4        PASSIVE    Header 5
     U7         14       3C       PASSIVE    ULN2003

[00037] NetP11_5
     P11        5        5        PASSIVE    Header 5
     U7         13       4C       PASSIVE    ULN2003

[00038] NetQ1_2
     Q1         2        B        PASSIVE    NPN
     R5         1        1        PASSIVE    Res1

[00039] NetR18_1
     R18        1        1        PASSIVE    Res1
     U6         1        e        PASSIVE    FJ4401AG

[00040] NetR20_1
     R20        1        1        PASSIVE    Res1
     U6         2        d        PASSIVE    FJ4401AG

[00041] NetR21_2
     R21        2        2        PASSIVE    Res1
     U6         11       a        PASSIVE    FJ4401AG

[00042] NetR22_1
     R22        1        1        PASSIVE    Res1
     U6         3        dp       PASSIVE    FJ4401AG

[00043] NetR23_2
     R23        2        2        PASSIVE    Res1
     U6         10       f        PASSIVE    FJ4401AG

[00044] NetR24_1
     R24        1        1        PASSIVE    Res1
     U6         4        c        PASSIVE    FJ4401AG

[00045] NetR25_1
     R25        1        1        PASSIVE    Res1
```

```
        U6        5      g        PASSIVE    FJ4401AG

[00046] NetR26_2
        R26       2      2        PASSIVE    Res1
        U6        7      b        PASSIVE    FJ4401AG

[00047] NetR31_1
        R31       1      1        PASSIVE    Res1
        U9        1      e        PASSIVE    FJ4401AG

[00048] NetR32_1
        R32       1      1        PASSIVE    Res1
        U9        2      d        PASSIVE    FJ4401AG

[00049] NetR33_2
        R33       2      2        PASSIVE    Res1
        U9       11      a        PASSIVE    FJ4401AG

[00050] NetR34_1
        R34       1      1        PASSIVE    Res1
        U9        3      dp       PASSIVE    FJ4401AG

[00051] NetR35_2
        R35       2      2        PASSIVE    Res1
        U9       10      f        PASSIVE    FJ4401AG

[00052] NetR36_1
        R36       1      1        PASSIVE    Res1
        U9        4      c        PASSIVE    FJ4401AG

[00053] NetR37_1
        R37       1      1        PASSIVE    Res1
        U9        5      g        PASSIVE    FJ4401AG

[00054] NetR38_2
        R38       2      2        PASSIVE    Res1
        U9        7      b        PASSIVE    FJ4401AG

[00075] Other_+5
        C11       2      2        PASSIVE    Cap
        C12       2      2        PASSIVE    Cap
        S1        3      C1       PASSIVE    Switch-2
        S1        6      C2       PASSIVE    Switch-2
```

VR3	3	Vout	PASSIVE	LM7805

[00076] OUT1

D8	1	A	PASSIVE	Diode 1N4148
D18	2	K	PASSIVE	Diode 1N4148
D19	1	A	PASSIVE	LED3
D21	2	K	PASSIVE	LED3
P8	2	2	PASSIVE	Header 2
U2	2	OUTPUT1	PASSIVE	L298HN

[00077] OUT2

D7	1	A	PASSIVE	Diode 1N4148
D17	2	K	PASSIVE	Diode 1N4148
P8	1	1	PASSIVE	Header 2
R11	2	2	PASSIVE	Res1
U2	3	OUTPUT2	PASSIVE	L298HN

[00078] OUT3

D6	1	A	PASSIVE	Diode 1N4148
D9	1	A	PASSIVE	LED3
D10	2	K	PASSIVE	LED3
D16	2	K	PASSIVE	Diode 1N4148
P5	2	2	PASSIVE	Header 2
U2	13	OUTPUT3	PASSIVE	L298HN

[00079] OUT4

D5	1	A	PASSIVE	Diode 1N4148
D15	2	K	PASSIVE	Diode 1N4148
P5	1	1	PASSIVE	Header 2
R6	2	2	PASSIVE	Res1
U2	14	OUTPUT4	PASSIVE	L298HN

[00080] P0.0

P9	7	7	PASSIVE	Header 16
P15	4	4	PASSIVE	Header 11
U4	37	P0.0	PASSIVE	STC12C5A60S2
U5	2	D0	PASSIVE	74HC573D

[00081] P0.1

P9	8	8	PASSIVE	Header 16
P15	3	3	PASSIVE	Header 11
U4	36	P0.1	PASSIVE	STC12C5A60S2
U5	3	D1	PASSIVE	74HC573D

[00082] P0.2

P9	9	9	PASSIVE	Header 16
P15	2	2	PASSIVE	Header 11
U4	35	P0.2	PASSIVE	STC12C5A60S2
U5	4	D2	PASSIVE	74HC573D

[00083] P0.3

P9	10	10	PASSIVE	Header 16
P15	1	1	PASSIVE	Header 11
U4	34	P0.3	PASSIVE	STC12C5A60S2
U5	5	D3	PASSIVE	74HC573D

[00084] P0.4

P9	11	11	PASSIVE	Header 16
P14	1	1	PASSIVE	Header 11
U4	33	P0.4	PASSIVE	STC12C5A60S2
U5	6	D4	PASSIVE	74HC573D

[00085] P0.5

P9	12	12	PASSIVE	Header 16
P14	2	2	PASSIVE	Header 11
U4	32	P0.5	PASSIVE	STC12C5A60S2
U5	7	D5	PASSIVE	74HC573D

[00086] P0.6

P9	13	13	PASSIVE	Header 16
P14	3	3	PASSIVE	Header 11
U4	31	P0.6	PASSIVE	STC12C5A60S2
U5	8	D6	PASSIVE	74HC573D

[00087] P0.7

P9	14	14	PASSIVE	Header 16
P14	4	4	PASSIVE	Header 11
U4	30	P0.7	PASSIVE	STC12C5A60S2
U5	9	D7	PASSIVE	74HC573D

[00088] P1.0

B13	3	3	PASSIVE	Button
B13	4	4	PASSIVE	Button
B14	3	3	PASSIVE	Button
B14	4	4	PASSIVE	Button
B15	3	3	PASSIVE	Button

B15	4	4	PASSIVE	Button
B16	3	3	PASSIVE	Button
B16	4	4	PASSIVE	Button
P15	7	7	PASSIVE	Header 11
U4	40	P1.0	PASSIVE	STC12C5A60S2
U7	1	1B	PASSIVE	ULN2003

[00089] P1.1

B9	3	3	PASSIVE	Button
B9	4	4	PASSIVE	Button
B10	3	3	PASSIVE	Button
B10	4	4	PASSIVE	Button
B11	3	3	PASSIVE	Button
B11	4	4	PASSIVE	Button
B12	3	3	PASSIVE	Button
B12	4	4	PASSIVE	Button
P15	8	8	PASSIVE	Header 11
U4	41	P1.1	PASSIVE	STC12C5A60S2
U7	2	2B	PASSIVE	ULN2003

[00090] P1.2

B5	3	3	PASSIVE	Button
B5	4	4	PASSIVE	Button
B6	3	3	PASSIVE	Button
B6	4	4	PASSIVE	Button
B7	3	3	PASSIVE	Button
B7	4	4	PASSIVE	Button
B8	3	3	PASSIVE	Button
B8	4	4	PASSIVE	Button
P15	9	9	PASSIVE	Header 11
U4	42	P1.2	PASSIVE	STC12C5A60S2
U7	3	3B	PASSIVE	ULN2003

[00091] P1.3

B1	3	3	PASSIVE	Button
B1	4	4	PASSIVE	Button
B2	3	3	PASSIVE	Button
B2	4	4	PASSIVE	Button
B3	3	3	PASSIVE	Button
B3	4	4	PASSIVE	Button
B4	3	3	PASSIVE	Button
B4	4	4	PASSIVE	Button
P15	10	10	PASSIVE	Header 11

U4	43	P1.3	PASSIVE	STC12C5A60S2
U7	4	4B	PASSIVE	ULN2003

[00092] P1.4

B1	1	1	PASSIVE	Button
B1	2	2	PASSIVE	Button
B5	1	1	PASSIVE	Button
B5	2	2	PASSIVE	Button
B9	1	1	PASSIVE	Button
B9	2	2	PASSIVE	Button
B13	1	1	PASSIVE	Button
B13	2	2	PASSIVE	Button
P9	6	6	PASSIVE	Header 16
P15	11	11	PASSIVE	Header 11
U4	44	P1.4	PASSIVE	STC12C5A60S2

[00093] P1.5

B2	1	1	PASSIVE	Button
B2	2	2	PASSIVE	Button
B6	1	1	PASSIVE	Button
B6	2	2	PASSIVE	Button
B10	1	1	PASSIVE	Button
B10	2	2	PASSIVE	Button
B14	1	1	PASSIVE	Button
B14	2	2	PASSIVE	Button
P12	1	1	PASSIVE	Header 11
R5	2	2	PASSIVE	Res1
U4	1	P1.5	PASSIVE	STC12C5A60S2

[00094] P1.6

B3	1	1	PASSIVE	Button
B3	2	2	PASSIVE	Button
B7	1	1	PASSIVE	Button
B7	2	2	PASSIVE	Button
B11	1	1	PASSIVE	Button
B11	2	2	PASSIVE	Button
B15	1	1	PASSIVE	Button
B15	2	2	PASSIVE	Button
P12	2	2	PASSIVE	Header 11
U4	2	P1.6	PASSIVE	STC12C5A60S2

[00095] P1.7

B4	1	1	PASSIVE	Button

B4	2	2	PASSIVE	Button
B8	1	1	PASSIVE	Button
B8	2	2	PASSIVE	Button
B12	1	1	PASSIVE	Button
B12	2	2	PASSIVE	Button
B16	1	1	PASSIVE	Button
B16	2	2	PASSIVE	Button
P12	3	3	PASSIVE	Header 11
U4	3	P1.7	PASSIVE	STC12C5A60S2

[00096] P2.0

D12	2	K	PASSIVE	LED3
P13	5	5	PASSIVE	Header 11
U4	18	P2.0	PASSIVE	STC12C5A60S2

[00097] P2.1

D13	2	K	PASSIVE	LED3
P13	4	4	PASSIVE	Header 11
U4	19	P2.1	PASSIVE	STC12C5A60S2

[00098] P2.2

D20	2	K	PASSIVE	LED3
P13	3	3	PASSIVE	Header 11
U4	20	P2.2	PASSIVE	STC12C5A60S2
U8	1	A	PASSIVE	74LS138

[00099] P2.3

D22	2	K	PASSIVE	LED3
P13	2	2	PASSIVE	Header 11
U4	21	P2.3	PASSIVE	STC12C5A60S2
U8	2	B	PASSIVE	74LS138

[00100] P2.4

D23	2	K	PASSIVE	LED3
P13	1	1	PASSIVE	Header 11
U4	22	P2.4	PASSIVE	STC12C5A60S2
U8	3	C	PASSIVE	74LS138

[00101] P2.5

D24	2	K	PASSIVE	LED3
P14	11	11	PASSIVE	Header 11
U4	23	P2.5	PASSIVE	STC12C5A60S2

[00102] P2.6

D26	2	K	PASSIVE	LED3
P14	10	10	PASSIVE	Header 11
U4	24	P2.6	PASSIVE	STC12C5A60S2

[00103] P2.7

D27	2	K	PASSIVE	LED3
P14	9	9	PASSIVE	Header 11
U4	25	P2.7	PASSIVE	STC12C5A60S2

[00104] P3.0

B17	1	1	PASSIVE	Button
B17	2	2	PASSIVE	Button
P12	5	5	PASSIVE	Header 11
U1	3	TXD	PASSIVE	CH340T
U4	5	P3.0	PASSIVE	STC12C5A60S2

[00105] P3.1

B18	1	1	PASSIVE	Button
B18	2	2	PASSIVE	Button
P12	7	7	PASSIVE	Header 11
U1	4	RXD	PASSIVE	CH340T
U4	7	P3.1	PASSIVE	STC12C5A60S2

[00106] P3.2

B19	1	1	PASSIVE	Button
B19	2	2	PASSIVE	Button
P12	8	8	PASSIVE	Header 11
U4	8	P3.2	PASSIVE	STC12C5A60S2

[00107] P3.3

B20	1	1	PASSIVE	Button
B20	2	2	PASSIVE	Button
P12	9	9	PASSIVE	Header 11
U4	9	P3.3	PASSIVE	STC12C5A60S2

[00108] P3.4

P12	10	10	PASSIVE	Header 11
U4	10	P3.4	PASSIVE	STC12C5A60S2

[00109] P3.5

P12	11	11	PASSIVE	Header 11
U4	11	P3.5	PASSIVE	STC12C5A60S2

[00110] P3.6

P9	5	5	PASSIVE	Header 16
P13	11	11	PASSIVE	Header 11
U4	12	P3.6	PASSIVE	STC12C5A60S2

[00111] P3.7

P9	4	4	PASSIVE	Header 16
P13	10	10	PASSIVE	Header 11
U4	13	P3.7	PASSIVE	STC12C5A60S2

[00112] P4.0

P13	6	6	PASSIVE	Header 11
U2	6	ENABLE A	PASSIVE	L298HN
U4	17	P4.0	PASSIVE	STC12C5A60S2

[00113] P4.1

P14	6	6	PASSIVE	Header 11
U2	11	ENABLE B	PASSIVE	L298HN
U4	28	P4.1	PASSIVE	STC12C5A60S2

[00114] P4.2

P2	1	1	PASSIVE	Header 3
P15	6	6	PASSIVE	Header 11
R1	1	1	PASSIVE	Res1
U4	39	P4.2	PASSIVE	STC12C5A60S2

[00115] P4.3

P6	1	1	PASSIVE	Header 3
P12	6	6	PASSIVE	Header 11
R7	1	1	PASSIVE	Res1
U4	6	P4.3	PASSIVE	STC12C5A60S2

[00116] P4.4

P14	8	8	PASSIVE	Header 11
U2	5	INPUT1	PASSIVE	L298HN
U4	26	P4.4	PASSIVE	STC12C5A60S2

[00117] P4.5

P14	7	7	PASSIVE	Header 11
U2	7	INPUT2	PASSIVE	L298HN
U4	27	P4.5	PASSIVE	STC12C5A60S2

[00118] P4.6

P14	5	5	PASSIVE	Header 11
U2	10	INPUT3	PASSIVE	L298HN
U4	29	P4.6	PASSIVE	STC12C5A60S2

[00119] P4.7

B21	3	3	PASSIVE	Button
B21	4	4	PASSIVE	Button
C30	2	2	PASSIVE	Cap2
P12	4	4	PASSIVE	Header 11
R39	2	2	PASSIVE	Res1
U2	12	INPUT4	PASSIVE	L298HN
U4	4	P4.7	PASSIVE	STC12C5A60S2

[00120] Q0

R21	1	1	PASSIVE	Res1
R33	1	1	PASSIVE	Res1
U5	19	Q0	PASSIVE	74HC573D

[00121] Q1

R26	1	1	PASSIVE	Res1
R38	1	1	PASSIVE	Res1
U5	18	Q1	PASSIVE	74HC573D

[00122] Q2

R24	2	2	PASSIVE	Res1
R36	2	2	PASSIVE	Res1
U5	17	Q2	PASSIVE	74HC573D

[00123] Q3

R20	2	2	PASSIVE	Res1
R32	2	2	PASSIVE	Res1
U5	16	Q3	PASSIVE	74HC573D

[00124] Q4

R18	2	2	PASSIVE	Res1
R31	2	2	PASSIVE	Res1
U5	15	Q4	PASSIVE	74HC573D

[00125] Q5

R23	1	1	PASSIVE	Res1
R35	1	1	PASSIVE	Res1
U5	14	Q5	PASSIVE	74HC573D

[00126] Q6

R25	2	2	PASSIVE	Res1
R37	2	2	PASSIVE	Res1
U5	13	Q6	PASSIVE	74HC573D

[00127] Q7

R22	2	2	PASSIVE	Res1
R34	2	2	PASSIVE	Res1
U5	12	Q7	PASSIVE	74HC573D

[00128] USB_+5V

C13	2	2	PASSIVE	Cap
C14	2	2	PASSIVE	Cap
R10	2	2	PASSIVE	Res1
S1	1	A1	PASSIVE	Switch-2
S1	4	A2	PASSIVE	Switch-2
U1	19	VCC	PASSIVE	CH340T
U3	1	VCC	PASSIVE	USB2.0-A

[00129] Vs

C3	2	2	PASSIVE	Cap
C4	2	2	PASSIVE	Cap
D5	2	K	PASSIVE	Diode 1N4148
D6	2	K	PASSIVE	Diode 1N4148
D7	2	K	PASSIVE	Diode 1N4148
D8	2	K	PASSIVE	Diode 1N4148
U2	4	Vs	PASSIVE	L298HN
VR1	3	Vout	PASSIVE	LM7812

[00130] XTAL1

C21	2	2	PASSIVE	Cap
P13	8	8	PASSIVE	Header 11
U4	15	XTAL1	PASSIVE	STC12C5A60S2

[00131] XTAL2

C22	2	2	PASSIVE	Cap
P13	9	9	PASSIVE	Header 11
U4	14	XTAL2	PASSIVE	STC12C5A60S2

[00132] Y0

U6	12	G1	PASSIVE	FJ4401AG
U8	15	Y0	PASSIVE	74LS138

```
[00133]  Y1
         U6      9      G2      PASSIVE    FJ4401AG
         U8      14     Y1      PASSIVE    74LS138


[00134]  Y2
         U6      8      G3      PASSIVE    FJ4401AG
         U8      13     Y2      PASSIVE    74LS138


[00135]  Y3
         U6      6      G4      PASSIVE    FJ4401AG
         U8      12     Y3      PASSIVE    74LS138


[00136]  Y4
         U8      11     Y4      PASSIVE    74LS138
         U9      12     G1      PASSIVE    FJ4401AG


[00137]  Y5
         U8      10     Y5      PASSIVE    74LS138
         U9      9      G2      PASSIVE    FJ4401AG


[00138]  Y6
         U8      9      Y6      PASSIVE    74LS138
         U9      8      G3      PASSIVE    FJ4401AG


[00139]  Y7
         U8      7      Y7      PASSIVE    74LS138
         U9      6      G4      PASSIVE    FJ4401AG
```

6.4　PCB 绘制

6.4.1　布局

执行 Design → Update Schematics in Power.PrjPcb 命令，弹出 "Engineering Change Order" 对话框。单击 Validate Changes 按钮，全部完成检测；单击 Execute Changes 按钮，即可完成更改；单击 Close 按钮，即可将元件封装导入 PCB 中。

将单片机最小系统电路中的元件封装放置在 PCB 图纸中央，初步布局如图 6-4-1 所示。双击元件 C23，弹出 "Properties" 窗格，将 Layer 设置为 "Bottom Layer"，如图 6-4-2 所示，即可将元件 C23 放置在 PCB 的反面。仿照此方法，将元件 C21、C22 和 Y2 放置在 PCB 的反面，如图 6-4-3 所示。

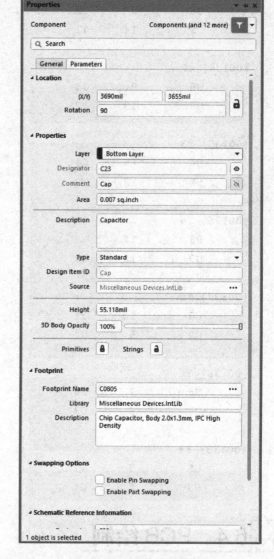

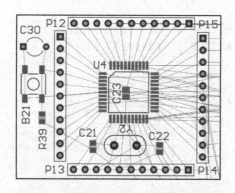

图 6-4-1 单片机最小系统电路初步布局　　　　图 6-4-2 元件 C23 参数设置

　　将程序下载电路和电源电路放置在单片机最小系统电路的左侧，将元件 P4、U3、R4、D4、S1、R10、D11、C13、C14、U1、Y1、C16 和 C15 放置在 PCB 的正面，如图 6-4-4 所示；将元件 C9、C10、C11、C12 和 VR3 放置在 PCB 的反面，如图 6-4-5 所示。

　　将数码管显示电路放置在单片机最小系统电路的上方，将元件 C24、C31、R18、R20、R22、R24、R25、R21、R23、R26、R31、R32、R34、R36、R37、R33、R35、R38、U5 和 U8 放置在 PCB 的反面，如图 6-4-6 所示；将元件 U6 和 U9 放置在 PCB 的正面，如图 6-4-7 所示。

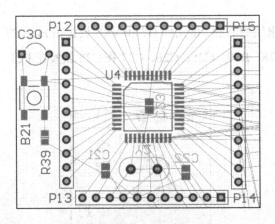

图 6-4-3　将元件 C21、C22 和 Y2
放置在 PCB 的反面

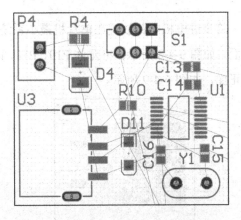

图 6-4-4　将程序下载电路和电源电路的
部分元件放置在 PCB 的正面

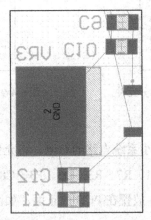

图 6-4-5　将程序下载电路和电源电路的部分元件放置在 PCB 的反面

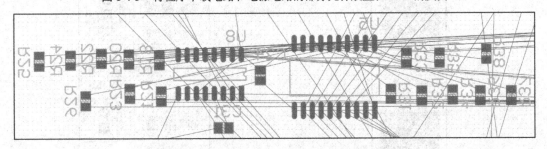

图 6-4-6　将数码管显示电路的部分元件放置在 PCB 的反面

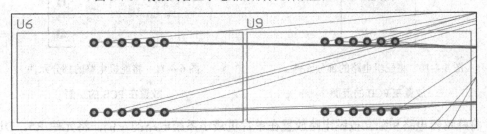

图 6-4-7　将数码管显示电路的部分元件放置在 PCB 的正面

　　将步进电机电路放置在单片机最小系统电路的右侧，将元件 U7 和 VR5 放置在 PCB 的反面，如图 6-4-8 所示；将元件 P10、P11、D28、R29、C25、C26、C27 和 C28 放置在 PCB 的正面，如图 6-4-9 所示。

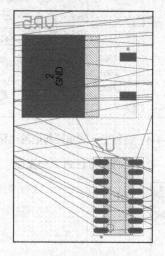

图 6-4-8　将步进电机电路的部分元件放置在 PCB 的反面

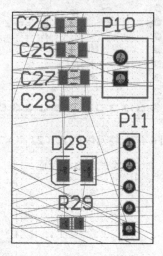

图 6-4-9　将步进电机电路的部分元件放置在 PCB 的正面

　　将舵机电路放置在单片机最小系统电路的右侧，将元件 VR2 和 VR4 放置在 PCB 的反面，如图 6-4-10 所示；将元件 R1、R7、R3、D3、P3、C8、C7、C6、C5、P2、R8、D14、P7、C20、C19、C18、C17 和 P6 放置在 PCB 的正面，如图 6-4-11 所示。

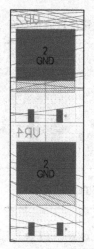

图 6-4-10　将舵机电路的部分元件放置在 PCB 的反面

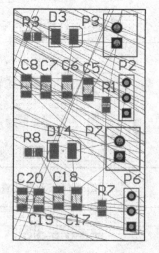

图 6-4-11　将舵机电路的部分元件放置在 PCB 的正面

　　将蜂鸣器电路和独立按键电路放置在单片机最小系统电路的左侧，将元件 R5、D1 和 Q1 放置在 PCB 的反面，如图 6-4-12 所示；将元件 LS1、B17、B18、B19 和 B20 放置在

PCB 的正面，如图 6-4-13 所示。

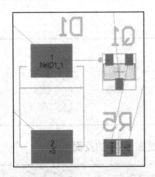

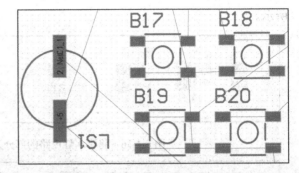

图 6-4-12　将蜂鸣器电路和独立按键电路的
部分元件放置在 PCB 的反面

图 6-4-13　将蜂鸣器电路和独立按键电路的
部分元件放置在 PCB 的正面

　　将直流电机电路放置在单片机最小系统电路的下方，将 D18、D17、D16、D15、D8、D7、D6、D5、U2 和 VR1 放置在 PCB 的反面，如图 6-4-14 所示；将元件 C1、C2、C3、C4、R2、D2、P1、R6、R11、D21、D19、D10、D9、P8 和 P5 放置在 PCB 的正面，如图 6-4-15 所示。

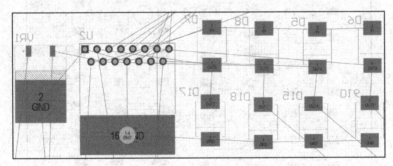

图 6-4-14　将直流电机电路的部分元件放置在 PCB 的反面

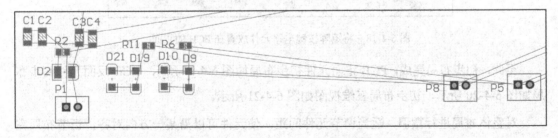

图 6-4-15　将直流电机电路的部分元件放置在 PCB 的正面

　　将流水灯电路放置在单片机最小系统电路的上方，将元件 R9、R12、R13、R14、R15、R19、R28 和 R30 放置在 PCB 的反面，如图 6-4-16 所示；将元件 D12、D13、D20、D22、D23、D24、D26 和 D27 放置在 PCB 的正面，如图 6-4-17 所示。

　　将矩阵按键电路放置在单片机最小系统电路的下方，将元件 B1、B2、B3、B4、B5、

B6、B7、B8、B9、B10、B11、B12、B13、B14、B15 和 B16 放置在 PCB 的正面，如图 6-4-18 所示。

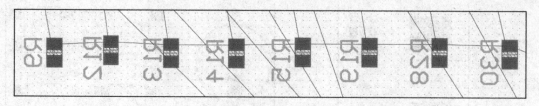

图 6-4-16　将流水灯电路的部分元件放置在 PCB 的反面

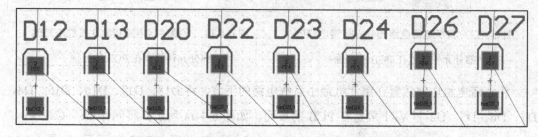

图 6-4-17　将流水灯电路的部分元件放置在 PCB 的正面

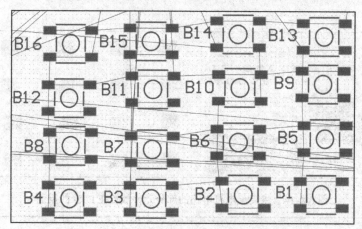

图 6-4-18　将矩阵按键电路元件放置在 PCB 的正面

至此，初步布局完成，PCB 正面元件初步布局如图 6-4-19 所示，PCB 反面元件初步布局如图 6-4-20 所示，初步布局三维视图如图 6-4-21 所示。

对整体布局进行微调，适当调节元件间距，使元件可以沿某一方向对齐，调节布局完毕后，如图 6-4-22 所示。

适当规划版型并放置 4 个过孔，以方便安装。过孔大小和位置并无特殊要求，合理即可。放置完毕后如图 6-4-23 所示，三维视图如图 6-4-24 所示。

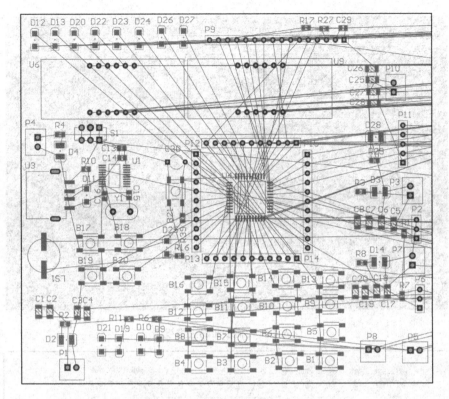

图 6-4-19　PCB 正面元件初步布局

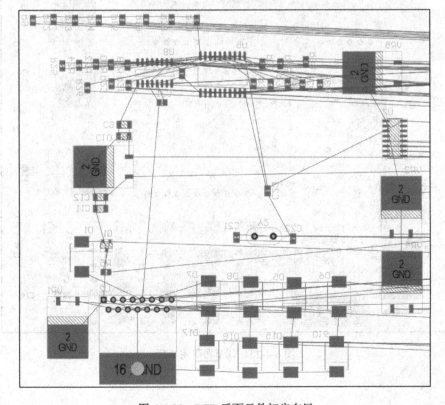

图 6-4-20　PCB 反面元件初步布局

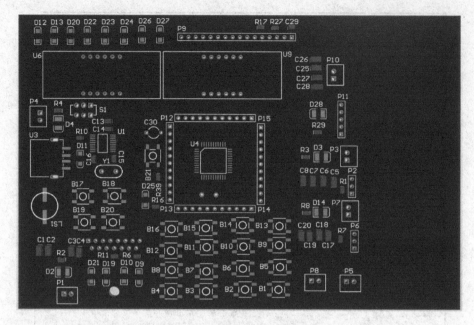

图 6-4-21　初步布局三维视图

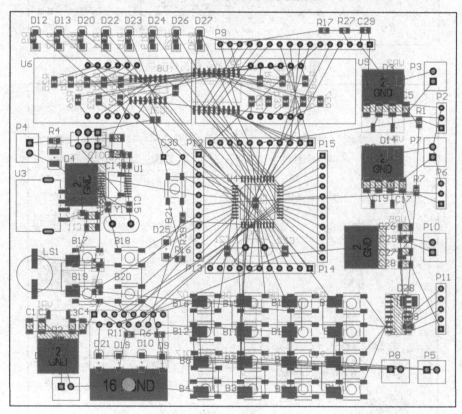

图 6-4-22　调节布局完毕后

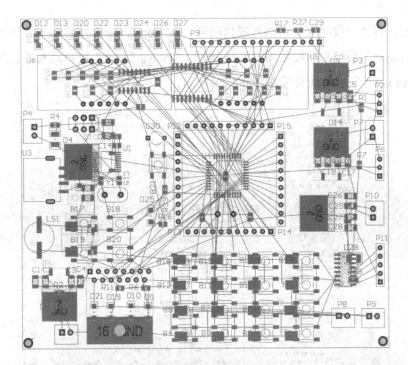

图 6-4-23　布局完毕后

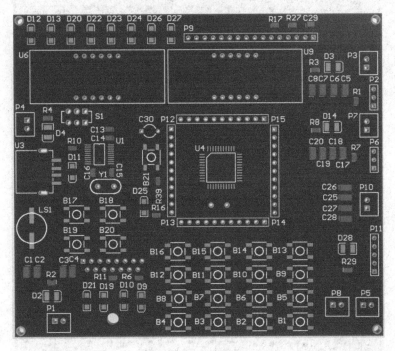

图 6-4-24　三维视图

6.4.2　布线

执行 Route → Auto Route → 🔲 All... 命令，弹出 "Situs Routing Strategies" 对话框，单击

Route All 按钮，等待一段时间，自动布线自动停止。"Top Layer"层自动布线如图 6-4-25 所示，"GND Layer"层自动布线如图 6-4-26 所示，"Power Layer"层自动布线如图 6-4-27 所示，"Bottom Layer"层自动布线如图 6-4-28 所示。

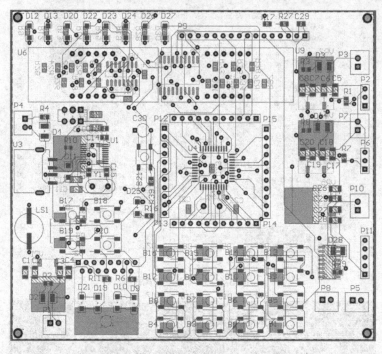

图 6-4-25　"Top Layer"层自动布线

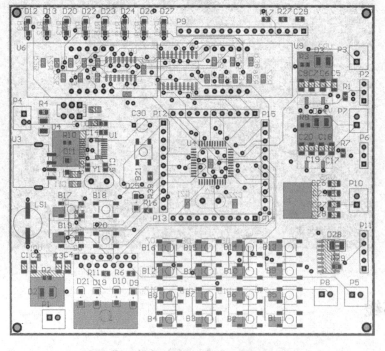

图 6-4-26　"GND Layer"层自动布线

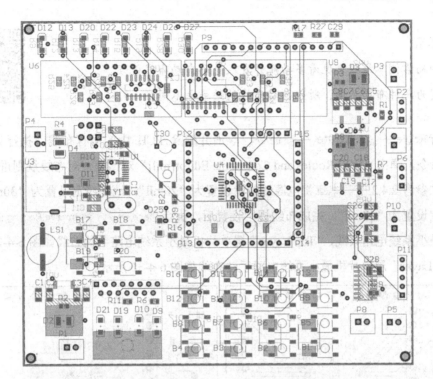

图 6-4-27　"Power Layer"层自动布线

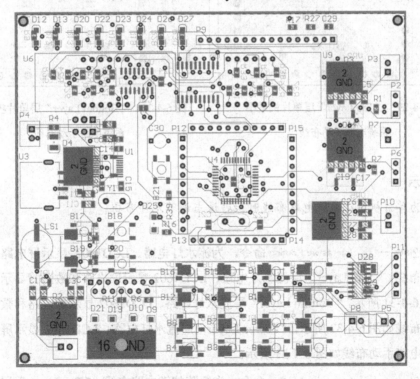

图 6-4-28　"Bottom Layer"层自动布线

小提示

◎扫描右侧二维码可观看多功能开发板电路自动布线视频。

◎因为元件布局不同，所以自动布线的结果也不同。

执行 Route → Un-Route → All命令，取消并删除 PCB 中的所有布线。执行 Design → Rules... 命令，弹出 "PCB Roules and Contraints Editor[mil]" 对话框，对布线规则进行设定，设置方法参考 2.4.2 节。本章将电源线线宽设置为 "20mil"，地线线宽设置为 "30mil"，信号线线宽设置为 "10mil"。完成布线规则设置后，执行 Place → Interactive Routing 命令，为单片机最小系统电路布线，"Top Layer" 层单片机最小系统电路手动布线如图 6-4-29 所示，"Bottom Layer" 层单片机最小系统电路手动布线如图 6-4-30 所示。

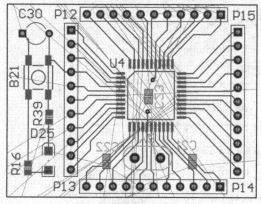

图 6-4-29 "Top Layer" 层单片机最小
系统电路手动布线

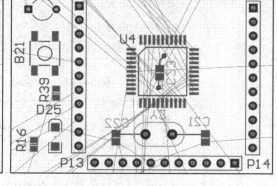

图 6-4-30 "Bottom Layer" 层单片机最小
系统电路手动布线

小提示

◎在为单片机最小系统电路布线时，可适当调节元件布局。

执行 Place → Interactive Routing 命令，为流水灯电路、LCD1602 显示屏电路和数码管显示电路布线，"Top Layer" 层流水灯电路、LCD1602 显示屏电路和数码管显示电路手动布线如图 6-4-31 所示，"Bottom Layer" 层流水灯电路、LCD1602 显示屏电路和数码管显示电路手动布线如图 6-4-32 所示，"Power Layer" 层流水灯电路、LCD1602 显示屏电路和数码管显示电路手动布线如图 6-4-33 所示。

执行 Place → Interactive Routing 命令，为矩阵按键电路布线，"Top Layer" 层矩阵按键电路手动布线如图 6-4-34 所示，"Bottom Layer"层矩阵按键电路手动布线如图 6-4-35 所示，"GND Layer" 层矩阵按键电路手动布线如图 6-4-36 所示。

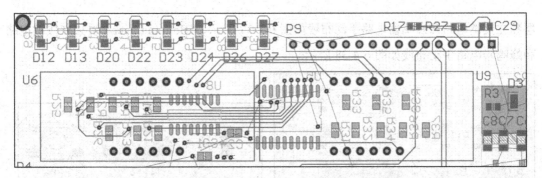

图 6-4-31 "Top Layer"层流水灯电路、LCD1602 显示屏电路和数码管显示电路手动布线

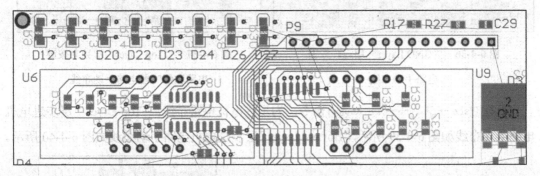

图 6-4-32 "Bottom Layer"层流水灯电路、LCD1602 显示屏电路和数码管显示电路手动布线

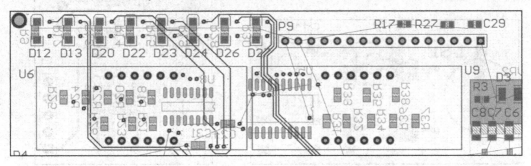

图 6-4-33 "Power Layer"层流水灯电路、LCD1602 显示屏电路和数码管显示电路手动布线

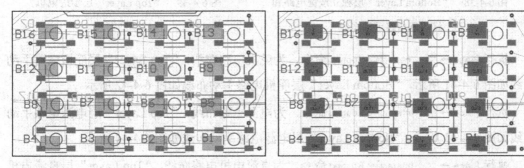

图 6-4-34 "Top Layer"层矩阵按键   图 6-4-35 "Bottom Layer"层矩阵按键

电路手动布线   电路手动布线

执行 Place → ✐ Interactive Routing 命令，为独立按键电路和蜂鸣器电路布线，"Top Layer"

层独立按键电路和蜂鸣器电路手动布线如图 6-4-37 所示，"Bottom Layer"层独立按键电路
和蜂鸣器电路手动布线如图 6-4-38 所示。

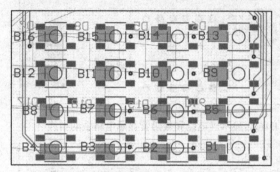

图 6-4-36 "GND Layer"层矩阵按键
电路手动布线

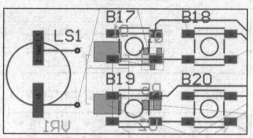

图 6-4-37 "Top Layer"层独立按键
电路和蜂鸣器电路手动布线

执行 Place → Interactive Routing 命令，为步进电机电路布线，"Top Layer"层步进电机
电路手动布线如图 6-4-39 所示，"Bottom Layer"层步进电机电路手动布线如图 6-4-40 所示。

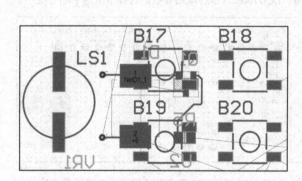

图 6-4-38 "Bottom Layer"层独立按键电路和
蜂鸣器电路手动布线

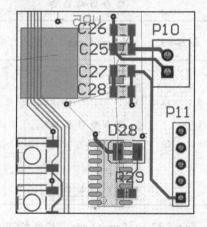

图 6-4-39 "Top Layer"层步进电机
电路手动布线

执行 Place → Interactive Routing 命令，为舵机电路布线，"Top Layer"层舵机电路手动
布线如图 6-4-41 所示，"Bottom Layer"层舵机电路手动布线如图 6-4-42 所示。

执行 Place → Interactive Routing 命令，为电源电路布线，"Top Layer"层电源电路手动
布线如图 6-4-43 所示，"Bottom Layer"层电源电路手动布线如图 6-4-44 所示。

执行 Place → Interactive Routing 命令，为直流电机电路布线，"Top Layer"层直流电机
电路手动布线如图 6-4-45 所示，"Power Layer"层直流电机电路手动布线如图 6-4-46 所示，
"Bottom Layer"层直流电机电路手动布线如图 6-4-47 所示。

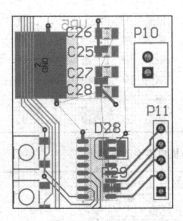

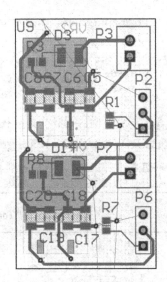

图 6-4-40　"Bottom Layer" 层步进电机电路手动布线　图 6-4-41　"Top Layer" 层舵机电路手动布线

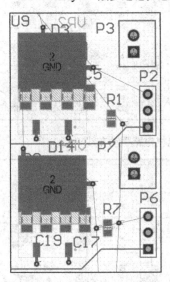

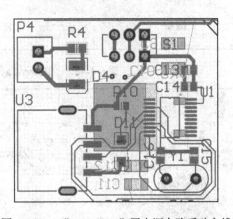

图 6-4-42　"Bottom Layer" 层舵机电路手动布线　图 6-4-43　"Top Layer" 层电源电路手动布线

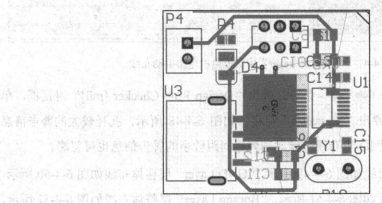

图 6-4-44　"Bottom Layer" 层电源电路手动布线

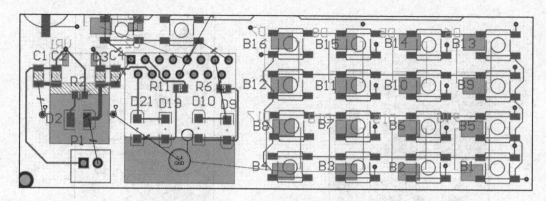

图 6-4-45 "Top Layer"层直流电机电路手动布线

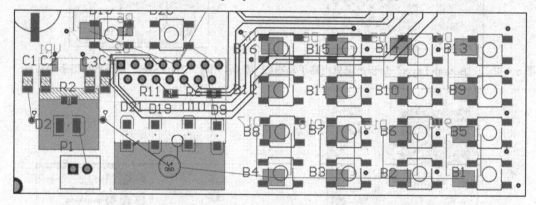

图 6-4-46 "Power Layer"层直流电机电路手动布线

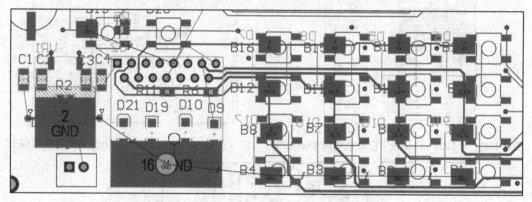

图 6-4-47 "Bottom Layer"层直流电机电路手动布线

执行 Tools → 🔲 Design Rule Check... 命令，弹出"Design Rule Checker [mil]"对话框。单击 Run Design Rule Check... 按钮，弹出"Messages"窗格，如图 6-4-48 所示，孔径较大的警告信息可忽略，地线网络和电源网络未布线、丝印与焊盘间距较小的警告信息也可忽略。

"Top Layer"层整体布线如图 6-4-49 所示，"GND Layer"层整体布线如图 6-4-50 所示，"Power Layer"层整体布线如图 6-4-51 所示，"Bottom Layer"层整体布线如图 6-4-52 所示，三维显示如图 6-4-53 所示。

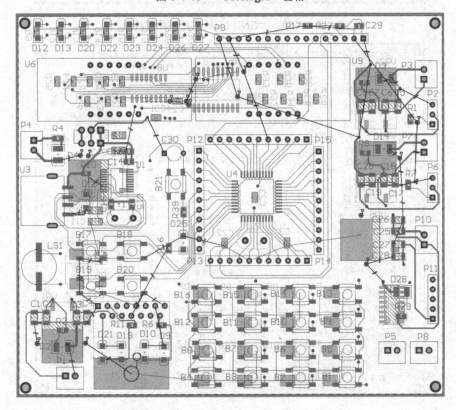

Class	Document	Source	Message	Time	Date	No.
[Un-Routed Net Constraint]	Development.PcbDoc	Advanced F	Un-Routed Net Constraint: Net GND Between Pad B19-3(1758mil,2107mil) on Top Layer And Pad B17-3(	18:39:15	2021/12/26	1
[Un-Routed Net Constraint]	Development.PcbDoc	Advanced F	Un-Routed Net Constraint: Net GND Between Pad B17-3(1758mil,2462mil) on Top Layer And Pad Q1-3(	18:39:15	2021/12/26	2
[Un-Routed Net Constraint]	Development.PcbDoc	Advanced F	Un-Routed Net Constraint: Net GND Between Pad B18-4(2432mil,2462mil) on Top Layer And Pad D25-2	18:39:15	2021/12/26	3
[Un-Routed Net Constraint]	Development.PcbDoc	Advanced F	Un-Routed Net Constraint: Net GND Between Pad B19-3(1758mil,2107mil) on Top Layer And Pad U2-1(	18:39:15	2021/12/26	4
[Un-Routed Net Constraint]	Development.PcbDoc	Advanced F	Un-Routed Net Constraint: Net GND Between Pad B20-4(2432mil,2107mil) on Top Layer And Pad U2-15	18:39:15	2021/12/26	5
[Un-Routed Net Constraint]	Development.PcbDoc	Advanced F	Un-Routed Net Constraint: Net GND Between Pad U2-8(2299.91mil,1876.5mil) on Multi-Layer And Pad I	18:39:15	2021/12/26	6
[Un-Routed Net Constraint]	Development.PcbDoc	Advanced F	Un-Routed Net Constraint: Net GND Between Via C10-1(2121.85mil,3560mil) on Bottom Layer And Pad	18:39:15	2021/12/26	7
[Un-Routed Net Constraint]	Development.PcbDoc	Advanced F	Un-Routed Net Constraint: Net GND Between Via (1855mil,3505mil) from Top Layer to Bottom Layer An	18:39:15	2021/12/26	8
[Un-Routed Net Constraint]	Development.PcbDoc	Advanced F	Un-Routed Net Constraint: Net GND Between Pad C1-1(1290mil,1806.85mil) on Top Layer And Via (132(	18:39:15	2021/12/26	9
[Un-Routed Net Constraint]	Development.PcbDoc	Advanced F	Un-Routed Net Constraint: Net GND Between Pad C11-1(1873.7mil,2835mil) on Bottom Layer And Pad (	18:39:15	2021/12/26	10
[Un-Routed Net Constraint]	Development.PcbDoc	Advanced F	Un-Routed Net Constraint: Net GND Between Pad U3-4(1640mil,2910mil) on Top Layer And Pad C12-1(	18:39:15	2021/12/26	11
[Un-Routed Net Constraint]	Development.PcbDoc	Advanced F	Un-Routed Net Constraint: Net GND Between Track (1818.794mil,3254.342mil)(1855mil,3290.548mil) on	18:39:15	2021/12/26	12
[Un-Routed Net Constraint]	Development.PcbDoc	Advanced F	Un-Routed Net Constraint: Net GND Between Pad C13-1(2249.292mil,3550mil) on Top Layer And Via (2	18:39:15	2021/12/26	13
[Un-Routed Net Constraint]	Development.PcbDoc	Advanced F	Un-Routed Net Constraint: Net GND Between Pad P13-7(3525mil,2435mil) on Multi-Layer And Pad C21-	18:39:15	2021/12/26	14
[Un-Routed Net Constraint]	Development.PcbDoc	Advanced F	Un-Routed Net Constraint: Net GND Between Pad D25-2(2845mil,2687.796mil) on Top Layer And Pad C	18:39:15	2021/12/26	15
[Un-Routed Net Constraint]	Development.PcbDoc	Advanced F	Un-Routed Net Constraint: Net GND Between Pad C22-1(3275mil,2585.473mil) on Bottom Layer And Pa	18:39:15	2021/12/26	16
[Un-Routed Net Constraint]	Development.PcbDoc	Advanced F	Un-Routed Net Constraint: Net GND Between Pad C27-1(5033.7mil,2600mil) on Top Layer And Pad C26	18:39:15	2021/12/26	17
[Un-Routed Net Constraint]	Development.PcbDoc	Advanced F	Un-Routed Net Constraint: Net GND Between Via (5126.284mil,3202.637mil) from Top Layer to Bottom I	18:39:15	2021/12/26	18
[Un-Routed Net Constraint]	Development.PcbDoc	Advanced F	Un-Routed Net Constraint: Net GND Between Via (4750mil,2400mil) from Top Layer to Bottom Layer An	18:39:15	2021/12/26	19
[Un-Routed Net Constraint]	Development.PcbDoc	Advanced F	Un-Routed Net Constraint: Net +5 Between Via (2475mil,3895mil) from Top Layer to Bottom Layer And	18:39:15	2021/12/26	20
[Un-Routed Net Constraint]	Development.PcbDoc	Advanced F	Un-Routed Net Constraint: Net GND Between Pad C4-1(1835mil,1806.85mil) on Top Layer And Pad U2-	18:39:15	2021/12/26	21
[Un-Routed Net Constraint]	Development.PcbDoc	Advanced F	Un-Routed Net Constraint: Net GND Between Pad D14-2(4994.056mil,3570mil) on Top Layer And Via (5	18:39:15	2021/12/26	22
[Un-Routed Net Constraint]	Development.PcbDoc	Advanced F	Un-Routed Net Constraint: Net GND Between Pad D15-1(3921.576mil,1214mil) on Bottom Layer And Pa	18:39:15	2021/12/26	23
[Un-Routed Net Constraint]	Development.PcbDoc	Advanced F	Un-Routed Net Constraint: Net GND Between Pad D18-1(3478.242mil,1214mil) on Bottom Layer And Pa	18:39:15	2021/12/26	24
[Un-Routed Net Constraint]	Development.PcbDoc	Advanced F	Un-Routed Net Constraint: Net GND Between Pad D17-1(3034.91mil,1214mil) on Bottom Layer And Pad	18:39:15	2021/12/26	25
[Un-Routed Net Constraint]	Development.PcbDoc	Advanced F	Un-Routed Net Constraint: Net GND Between Via (2299.91mil,1286.5mil) from Top Layer to Bottom Laye	18:39:15	2021/12/26	26
[Un-Routed Net Constraint]	Development.PcbDoc	Advanced F	Un-Routed Net Constraint: Net GND Between Track (1634.056mil,1560mil)(1644.056mil,1570mil) on Top	18:39:15	2021/12/26	27
[Un-Routed Net Constraint]	Development.PcbDoc	Advanced F	Un-Routed Net Constraint: Net +5 Between Via (3475mil,4360mil) from Top Layer to Bottom Layer And	18:39:15	2021/12/26	28
[Un-Routed Net Constraint]	Development.PcbDoc	Advanced F	Un-Routed Net Constraint: Net GND Between Via (5110mil,4185mil) from Top Layer to Bottom Layer An	18:39:15	2021/12/26	29
[Un-Routed Net Constraint]	Development.PcbDoc	Advanced F	Un-Routed Net Constraint: Net GND Between Via (5126.284mil,3202.637mil) from Top Layer to Bottom I	18:39:15	2021/12/26	30
[Un-Routed Net Constraint]	Development.PcbDoc	Advanced F	Un-Routed Net Constraint: Net GND Between Pad P9-1(4725mil,4695mil) on Multi-Layer And Via (4800n	18:39:15	2021/12/26	31
[Un-Routed Net Constraint]	Development.PcbDoc	Advanced F	Un-Routed Net Constraint: Net +5 Between Pad P9-15(3325mil,4695mil) on Multi-Layer And Pad R17-2(	18:39:15	2021/12/26	32

图 6-4-48 "Messages"窗格

图 6-4-49 "Top Layer"层整体布线

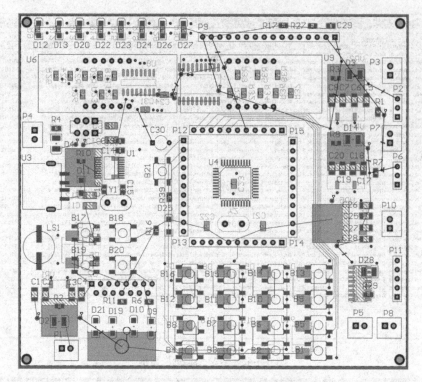

图 6-4-50 "GND Layer"层整体布线

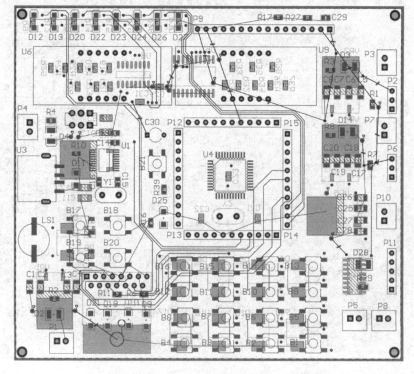

图 6-4-51 "Power Layer"层整体布线

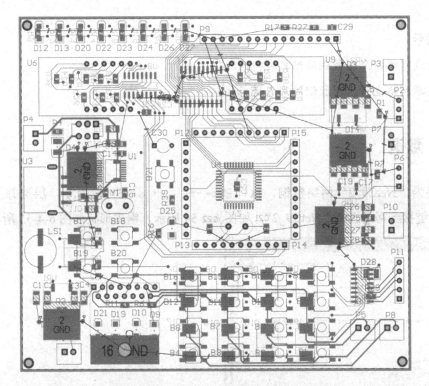

图 6-4-52　"Bottom Layer"层整体布线

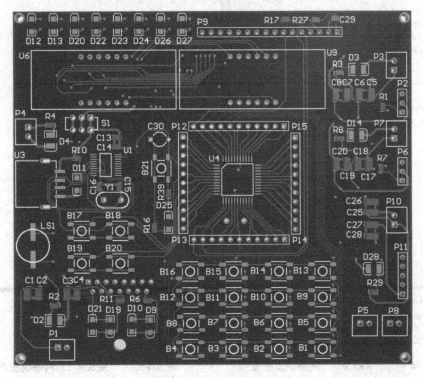

图 6-4-53　三维显示

小提示

◎地线网络将采用敷铜的形式进行连接。

◎电源网络也将采用敷铜的形式进行连接。

6.4.3　敷铜

需要为"NetC9_2"网络敷铜，执行 Place → ▱ Polygon Pour... 命令，层选择"Bottom Layer"，链接到网络选择"NetC9_2"，如图 6-4-54 所示，铜皮形状如图 6-4-55 所示。

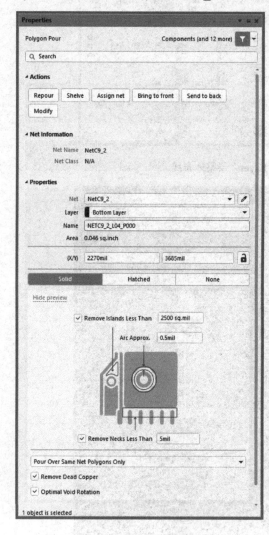

图 6-4-54　"NetC9_2"网络铜皮参数　　　　图 6-4-55　"NetC9_2"网络铜皮形状

需要为"USB_+5V"网络敷铜，执行 Place → ▱ Polygon Pour... 命令，层选择"Power Layer"，链接到网络选择"USB_+5V"，如图 6-4-56 所示，铜皮形状如图 6-4-57 所示。

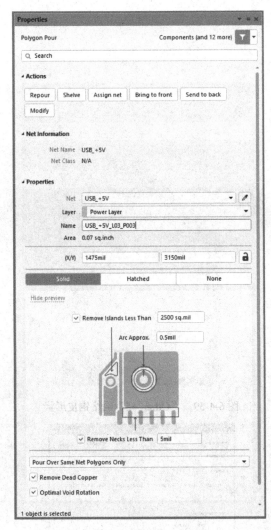

图 6-4-56　"USB_+5V"网络铜皮参数　　　　图 6-4-57　"USB_+5V"网络铜皮形状

需要为"Other_+5"网络敷铜，执行 Place → □ Polygon Pour... 命令，层选择"Power Layer"，链接到网络选择"Other_+5"，如图 6-4-58 所示，铜皮形状如图 6-4-59 所示。

需要为"+5"网络敷铜，执行 Place → □ Polygon Pour... 命令，层选择"Power Layer"，链接到网络选择"+5"，如图 6-4-60 所示。需要为"GND"网络敷铜，执行 Place → □ Polygon Pour... 命令，层选择"GND Layer"，链接到网络选择"GND"，如图 6-4-61 所示。"+5"网络铜皮形状如图 6-4-62 所示，"GND"网络铜皮形状如图 6-4-63 所示。

小提示

◎铜皮形状不一定要与本例中的铜皮形状一模一样。

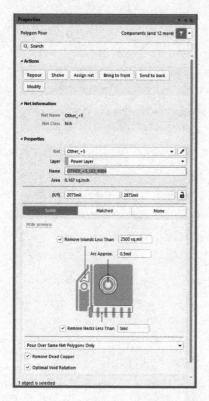

图 6-4-58 "Other_+5" 网络铜皮参数

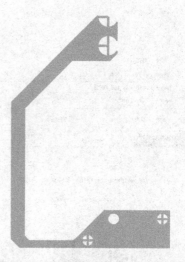

图 6-4-59 "Other_+5" 网络铜皮形状

图 6-4-60 "+5" 网络铜皮参数

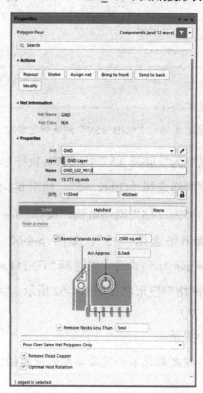

图 6-4-61 "GND" 网络铜皮参数

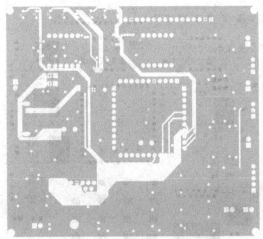

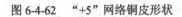

图 6-4-62　"+5"网络铜皮形状

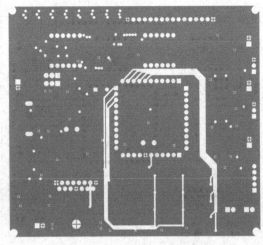

图 6-4-63　"GND"网络铜皮形状

6.5　文件输出

6.5.1　装配图

执行 File→ Assembly Outputs → Assembly Drawings 命令，弹出"Preview Assembly Drawings of [Development.PcbDoc]"对话框，单击 Print... 按钮，即可将装配图输出。装配图的第 1 层如图 6-5-1 所示，第 2 层如图 6-5-2 所示，第 3 层如图 6-5-3 所示，第 4 层如图 6-5-4 所示。

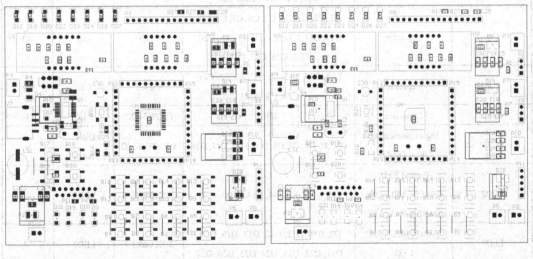

图 6-5-1　第 1 层　　　　　　　图 6-5-2　第 2 层

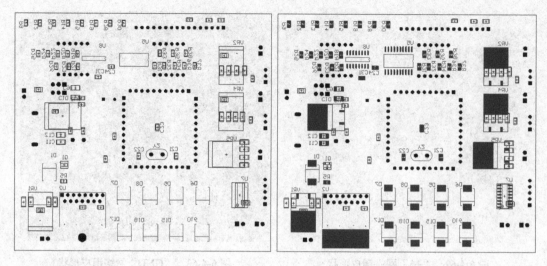

图 6-5-3　第3层　　　　　　　　　　　　图 6-5-4　第4层

6.5.2　BOM 表

执行 Reports → Bill of Materials 命令，弹出"Bill of Materials for PCB Document [Development.PcbDoc]"对话框，单击 Export... 按钮，导出 BOM 表，如表 6-5-1 所示。

表 6-5-1　BOM 表

Components	Description	Designator	Footprint	LibRef	Quantity
Button	Button	B1, B2, B3, B4, B5, B6, B7, B8, B9, B10, B11, B12, B13, B14, B15, B16, B17, B18, B19, B20, B21	SW-4	Button	21
Cap	Capacitor	C1, C2, C3, C4, C5, C6, C7, C8, C9, C10, C11, C12, C17, C18, C19, C20, C25, C26, C27, C28	C1206	Cap	20
Cap	Capacitor	C13, C14, C15, C16, C21, C22, C23, C24, C29, C31	C0805	Cap	10
Cap2	Capacitor	C30	CAPR5-4X5	Cap2	1
Diode 1N4148	High Conductance Fast Diode	D1, D5, D6, D7, D8, D15, D16, D17, D18	DIODE_SMC	Diode 1N4148	9
LED2	Typical RED, GREEN, YELLOW, AMBER GaAs LED	D2, D3, D4, D14, D28	3.5X2.8X1.9	LED2	5
LED3	Typical BLUE SiC LED	D9, D10, D11, D12, D13, D19, D20, D21, D22, D23, D24, D25, D26, D27	3.2X1.6X1.1	LED3	14
Speaker	Loudspeaker	LS1	Speaker	Speaker	1
Header 2	Header, 2-Pin	P1, P3, P4, P5, P7, P8, P10	XH-2P	Header 2	7
Header 3	Header, 3-Pin	P2, P6	HDR1X3	Header 3	2

续表

Components	Description	Designator	Footprint	LibRef	Quantity
Header 16	Header, 16-Pin	P9	HDR1X16	Header 16	1
Header 5	Header, 5-Pin	P11	HDR1X5	Header 5	1
Header 11	Header, 11-Pin	P12, P13, P14, P15	HDR1X11	Header 11	4
NPN	NPN Bipolar Transistor	Q1	SOT-23_L	NPN	1
Res1	Resistor	R1, R5, R6, R7, R9, R10, R11, R12, R13, R14, R15, R16, R17, R18, R19, R20, R21, R22, R23, R24, R25, R26, R27, R28, R30, R31, R32, R33, R34, R35, R36, R37, R38, R39	6-0805_L	Res1	34
Res1	Resistor	R2, R3, R4, R8, R29	6-0805_N	Res1	5
Switch-2	Switch-2	S1	SW-6	Switch	1
CH340T	CH340T	U1	SSOP-20	CH340T	1
L298HN	L298HN	U2	L298HN	L298HN	1
USB2.0-A	USB2.0-A	U3	USB2.0-A	USB2.0-A	1
STC12C5A60S2	STC12C5A60S2	U4	LQFP-44	STC12C5A60S2	1
74HC573D	74HC573D	U5	SOIC20	74HC573D	1
FJ4401AG	FJ4401AG	U6, U9	FJ4401AG	FJ4401AG	2
ULN2003	ULN2003	U7	SO-16_L	ULN2003	1
74LS138	74LS138	U8	SOP16	74LS138	1
LM7812	Voltage Regulator	VR1	D2PAK_L	Volt Reg	1
LM7805	Voltage Regulator	VR2, VR3, VR4, VR5	D2PAK_L	Volt Reg	4
XTAL	Crystal Oscillator	Y1, Y2	HC-49S	XTAL	2

6.5.3　Gerber 文件

执行 File → Fabrication Outputs → Gerber Files 命令，弹出"Gerber Setup"对话框，参考 2.5.3 节进行参数设置。

单击"Gerber Setup"对话框中的　OK　按钮，即可将 Gerber 文件输出，如图 6-5-5 所示。

 小提示

◎读者可自行查看各层情况。

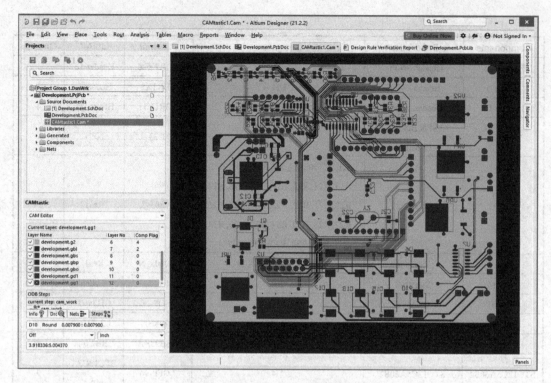

图 6-5-5　Gerber 文件输出后

6.5.4　钻孔文件

执行 <u>File</u> → <u>F</u>abrication Outputs → NC Drill Files 命令，弹出 "NC Drill Setup" 对话框，参数设置如图 6-5-6 所示。单击 OK 按钮，即可输出钻孔文件，如图 6-5-7 所示。

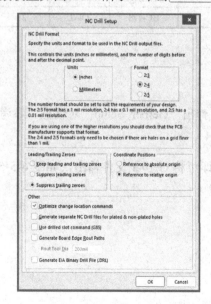

图 6-5-6　"NC Drill Setup" 对话框

图 6-5-7　钻孔文件

6.5.5 坐标图文件

执行 File → Assembly Outputs → Generates pick and place files 命令，弹出 "Pick and Place Setup" 对话框，单击 OK 按钮，即可输出坐标图文件，如表 6-5-2 所示。

表 6-5-2 坐标图文件

Designator	Comment	Layer	Footprint	Center-X (mil)	Center-Y (mil)	Rotation	Description
U4	STC12C5A60S2	TopLayer	LQFP-44	3605.5	3088.5	0	STC12C5A60S2
VR4	LM7805	BottomLayer	D2PAK_L	4855	3273.228	90	Voltage Regulator
VR2	LM7805	BottomLayer	D2PAK_L	4855	4023.228	90	Voltage Regulator
Y2	XTAL	BottomLayer	HC-49S	3581	2640	180	Crystal Oscillator
Y1	XTAL	TopLayer	HC-49S	2226	2870	180	Crystal Oscillator
VR5	LM7805	BottomLayer	D2PAK_L	4846.772	2645	180	Voltage Regulator
VR3	LM7805	BottomLayer	D2PAK_L	2020.565	3254.342	180	Voltage Regulator
VR1	LM7812	BottomLayer	D2PAK_L	1579.91	1769.728	270	Voltage Regulator
U9	FJ4401AG	TopLayer	FJ4401AG	3780	4180	360	FJ4401AG
U8	74LS138	BottomLayer	SOP16	2490	4192.5	90	74LS138
U7	ULN2003	BottomLayer	SO-16_L	5017.48	1985	0	ULN2003
U6	FJ4401AG	TopLayer	FJ4401AG	2130	4180	180	FJ4401AG
U5	74HC573D	BottomLayer	SOIC20	3185	4175	90	74HC573D
U3	USB2.0-A	TopLayer	USB2.0-A	1559.25	3047.5	270	USB2.0-A
U2	L298HN	BottomLayer	L298HN	2299.91	1631.5	0	L298HN
U1	CH340T	TopLayer	SSOP-20	2152.5	3252.5	360	CH340T
S1	Switch-2	TopLayer	SW-6	1885	3702	180	Switch-2
R39	Res1	TopLayer	6-0805_L	2849.41	2930	90	Resistor
R38	Res1	BottomLayer	6-0805_L	4075	4280	90	Resistor
R37	Res1	BottomLayer	6-0805_L	4225	4080	90	Resistor
R36	Res1	BottomLayer	6-0805_L	4053.75	4080	90	Resistor
R35	Res1	BottomLayer	6-0805_L	3850	4280	90	Resistor
R34	Res1	BottomLayer	6-0805_L	3882.5	4080	90	Resistor
R33	Res1	BottomLayer	6-0805_L	3625	4280	90	Resistor
R32	Res1	BottomLayer	6-0805_L	3695	4080	90	Resistor
R31	Res1	BottomLayer	6-0805_L	3540	4080	90	Resistor
R30	Res1	BottomLayer	6-0805_L	3010	4765	90	Resistor
R29	Res1	TopLayer	6-0805_N	5114.567	1865	180	Resistor
R28	Res1	BottomLayer	6-0805_L	2768.572	4765	90	Resistor
R27	Res1	TopLayer	6-0805_L	4472.264	4820	180	Resistor
R26	Res1	BottomLayer	6-0805_L	1845.97	4060.526	270	Resistor
R25	Res1	BottomLayer	6-0805_L	1535	4265	270	Resistor
R24	Res1	BottomLayer	6-0805_L	1703.75	4265	270	Resistor

Designator	Comment	Layer	Footprint	Center-X (mil)	Center-Y (mil)	Rotation	Description
R23	Res1	BottomLayer	6-0805_L	2060	4060	270	Resistor
R22	Res1	BottomLayer	6-0805_L	1872.5	4265	270	Resistor
R21	Res1	BottomLayer	6-0805_L	2220	4060	270	Resistor
R20	Res1	BottomLayer	6-0805_L	2041.25	4265	270	Resistor
R19	Res1	BottomLayer	6-0805_L	2527.142	4765	90	Resistor
R18	Res1	BottomLayer	6-0805_L	2210	4265	270	Resistor
R17	Res1	TopLayer	6-0805_L	4140	4825	180	Resistor
R16	Res1	TopLayer	6-0805_L	2695	2565	90	Resistor
R15	Res1	BottomLayer	6-0805_L	2285.714	4765	90	Resistor
R14	Res1	BottomLayer	6-0805_L	2044.286	4765	90	Resistor
R13	Res1	BottomLayer	6-0805_L	1802.858	4765	90	Resistor
R12	Res1	BottomLayer	6-0805_L	1561.428	4765	90	Resistor
R11	Res1	TopLayer	6-0805_L	2305	1780	0	Resistor
R10	Res1	TopLayer	6-0805_L	1830	3325	180	Resistor
R9	Res1	BottomLayer	6-0805_L	1320	4765	90	Resistor
R8	Res1	TopLayer	6-0805_N	4740.001	3530.694	0	Resistor
R7	Res1	TopLayer	6-0805_L	5195	3205	90	Resistor
R6	Res1	TopLayer	6-0805_L	2615	1780	180	Resistor
R5	Res1	BottomLayer	6-0805_L	1980	2200	0	Resistor
R4	Res1	TopLayer	6-0805_N	1540	3685	180	Resistor
R3	Res1	TopLayer	6-0805_N	4735	4245.694	180	Resistor
R2	Res1	TopLayer	6-0805_N	1580.905	1730	0	Resistor
R1	Res1	TopLayer	6-0805_L	5220	3873.504	270	Resistor
Q1	NPN	BottomLayer	SOT-23_L	1985	2465	270	NPN Bipolar Transistor
P15	Header 11	TopLayer	HDR1X11	3625	3670	180	Header, 11-Pin
P14	Header 11	TopLayer	HDR1X11	4250	3045	270	Header, 11-Pin
P13	Header 11	TopLayer	HDR1X11	3625	2435	180	Header, 11-Pin
P12	Header 11	TopLayer	HDR1X11	3010	3055	270	Header, 11-Pin
P11	Header 5	TopLayer	HDR1X5	5446.064	2040	90	Header, 5-Pin
P10	Header 2	TopLayer	XH-2P	5360	2645	270	Header, 2-Pin
P9	Header 16	TopLayer	HDR1X16	3975	4695	180	Header, 16-Pin
P8	Header 2	TopLayer	XH-2P	5355	1520	180	Header, 2-Pin
P7	Header 2	TopLayer	XH-2P	5360	3585	270	Header, 2-Pin
P6	Header 3	TopLayer	HDR1X3	5446.064	3175	90	Header, 3-Pin
P5	Header 2	TopLayer	XH-2P	5020	1520	180	Header, 2-Pin
P4	Header 2	TopLayer	XH-2P	1290	3615	90	Header, 2-Pin
P3	Header 2	TopLayer	XH-2P	5360	4330	270	Header, 2-Pin
P2	Header 3	TopLayer	HDR1X3	5446.064	3920	90	Header, 3-Pin

Designator	Comment	Layer	Footprint	Center-X (mil)	Center-Y (mil)	Rotation	Description
P1	Header 2	TopLayer	XH-2P	1660	1265	180	Header, 2-Pin
LS1	Speaker	TopLayer	Speaker	1340	2375	180	Loudspeaker
D28	LED2	TopLayer	3.5X2.8X1.9	5120.473	2115	180	Typical RED, GREEN, YELLOW, AMBER GaAs LED
D27	LED3	TopLayer	3.2X1.6X1.1	3005	4775	90	Typical BLUE SiC LED
D26	LED3	TopLayer	3.2X1.6X1.1	2766.428	4775	90	Typical BLUE SiC LED
D25	LED3	TopLayer	3.2X1.6X1.1	2845	2618.898	90	Typical BLUE SiC LED
D24	LED3	TopLayer	3.2X1.6X1.1	2527.858	4775	90	Typical BLUE SiC LED
D23	LED3	TopLayer	3.2X1.6X1.1	2289.286	4775	90	Typical BLUE SiC LED
D22	LED3	TopLayer	3.2X1.6X1.1	2050.714	4775	90	Typical BLUE SiC LED
D21	LED3	TopLayer	3.2X1.6X1.1	1995	1501.102	90	Typical BLUE SiC LED
D20	LED3	TopLayer	3.2X1.6X1.1	1812.142	4775	90	Typical BLUE SiC LED
D19	LED3	TopLayer	3.2X1.6X1.1	2195	1500	270	Typical BLUE SiC LED
D18	Diode 1N4148	BottomLayer	DIODE_SMC	3478.242	1364	90	High Conductance Fast Diode
D17	Diode 1N4148	BottomLayer	DIODE_SMC	3034.91	1364	90	High Conductance Fast Diode
D16	Diode 1N4148	BottomLayer	DIODE_SMC	4364.91	1364	90	High Conductance Fast Diode
D15	Diode 1N4148	BottomLayer	DIODE_SMC	3921.576	1364	90	High Conductance Fast Diode
D14	LED2	TopLayer	3.5X2.8X1.9	4935	3570	0	Typical RED, GREEN, YELLOW, AMBER GaAs LED
D13	LED3	TopLayer	3.2X1.6X1.1	1573.572	4775	90	Typical BLUE SiC LED
D12	LED3	TopLayer	3.2X1.6X1.1	1335	4775	90	Typical BLUE SiC LED
D11	LED3	TopLayer	3.2X1.6X1.1	1830	3045	270	Typical BLUE SiC LED

续表

Designator	Comment	Layer	Footprint	Center-X (mil)	Center-Y (mil)	Rotation	Description
D10	LED3	TopLayer	3.2X1.6X1.1	2435	1505	90	Typical BLUE SiC LED
D9	LED3	TopLayer	3.2X1.6X1.1	2640	1495	270	Typical BLUE SiC LED
D8	Diode 1N4148	BottomLayer	DIODE_SMC	3471.576	1959	90	High Conductance Fast Diode
D7	Diode 1N4148	BottomLayer	DIODE_SMC	3019.91	1959	90	High Conductance Fast Diode
D6	Diode 1N4148	BottomLayer	DIODE_SMC	4374.91	1959	90	High Conductance Fast Diode
D5	Diode 1N4148	BottomLayer	DIODE_SMC	3923.242	1959	90	High Conductance Fast Diode
D4	LED2	TopLayer	3.5X2.8X1.9	1540	3520	270	Typical RED, GREEN, YELLOW, AMBER GaAs LED
D3	LED2	TopLayer	3.5X2.8X1.9	4955	4285	360	Typical RED, GREEN, YELLOW, AMBER GaAs LED
D2	LED2	TopLayer	3.5X2.8X1.9	1575	1560	0	Typical RED, GREEN, YELLOW, AMBER GaAs LED
D1	Diode 1N4148	BottomLayer	DIODE_SMC	1730	2355	270	High Conductance Fast Diode
C31	Cap	BottomLayer	C0805	2565	3895	180	Capacitor
C30	Cap2	TopLayer	CAPR5-4X5	2750	3530	360	Capacitor
C29	Cap	TopLayer	C0805	4679.528	4821.968	180	Capacitor
C28	Cap	TopLayer	C1206	5086.85	2475	360	Capacitor
C27	Cap	TopLayer	C1206	5086.85	2600	360	Capacitor
C26	Cap	TopLayer	C1206	5086.85	2845	180	Capacitor
C25	Cap	TopLayer	C1206	5086.85	2730	180	Capacitor
C24	Cap	BottomLayer	C0805	2790	4060	360	Capacitor
C23	Cap	BottomLayer	C0805	3585	3080	90	Capacitor
C22	Cap	BottomLayer	C0805	3275	2615	90	Capacitor
C21	Cap	BottomLayer	C0805	3915	2615.473	90	Capacitor
C20	Cap	TopLayer	C1206	4695	3255	270	Capacitor
C19	Cap	TopLayer	C1206	4815	3255	270	Capacitor
C18	Cap	TopLayer	C1206	4935	3255	90	Capacitor
C17	Cap	TopLayer	C1206	5055	3255	90	Capacitor
C16	Cap	TopLayer	C0805	2090	3015	270	Capacitor

Designator	Comment	Layer	Footprint	Center-X (mil)	Center-Y (mil)	Rotation	Description
C15	Cap	TopLayer	C0805	2310	3015	270	Capacitor
C14	Cap	TopLayer	C0805	2278.819	3445	360	Capacitor
C13	Cap	TopLayer	C0805	2278.819	3550	360	Capacitor
C12	Cap	BottomLayer	C1206	1926.85	2950	360	Capacitor
C11	Cap	BottomLayer	C1206	1926.85	2835	360	Capacitor
C10	Cap	BottomLayer	C1206	2175	3560	360	Capacitor
C9	Cap	BottomLayer	C1206	2175	3715	360	Capacitor
C8	Cap	TopLayer	C1206	4690	4005	270	Capacitor
C7	Cap	TopLayer	C1206	4815	4005	270	Capacitor
C6	Cap	TopLayer	C1206	4950	4005	270	Capacitor
C5	Cap	TopLayer	C1206	5085	4005	270	Capacitor
C4	Cap	TopLayer	C1206	1835	1860	90	Capacitor
C3	Cap	TopLayer	C1206	1725	1860	90	Capacitor
C2	Cap	TopLayer	C1206	1415	1860	90	Capacitor
C1	Cap	TopLayer	C1206	1290	1860	90	Capacitor
B21	Button	TopLayer	SW-4	2769	3215	90	Button
B20	Button	TopLayer	SW-4	2310	2180	360	Button
B19	Button	TopLayer	SW-4	1880	2180	360	Button
B18	Button	TopLayer	SW-4	2310	2535	360	Button
B17	Button	TopLayer	SW-4	1880	2535	360	Button
B16	Button	TopLayer	SW-4	3082	2090	180	Button
B15	Button	TopLayer	SW-4	3560	2090	180	Button
B14	Button	TopLayer	SW-4	4058.334	2090	180	Button
B13	Button	TopLayer	SW-4	4545	2090	180	Button
B12	Button	TopLayer	SW-4	3082	1808.334	180	Button
B11	Button	TopLayer	SW-4	3560	1808.334	180	Button
B10	Button	TopLayer	SW-4	4058.334	1808.334	180	Button
B9	Button	TopLayer	SW-4	4545	1808.334	180	Button
B8	Button	TopLayer	SW-4	3092	1526.666	180	Button
B7	Button	TopLayer	SW-4	3560	1526.666	180	Button
B6	Button	TopLayer	SW-4	4058.334	1526.666	180	Button
B5	Button	TopLayer	SW-4	4545	1526.666	180	Button
B4	Button	TopLayer	SW-4	3082	1245	180	Button
B3	Button	TopLayer	SW-4	3560	1245	180	Button
B2	Button	TopLayer	SW-4	4058.334	1245	180	Button
B1	Button	TopLayer	SW-4	4545	1245	180	Button

参考文献

[1] 童诗白，华成英. 模拟电子技术基础. [M]. 3 版. 北京：高等教育出版社，2001.

[2] 周润景，刘波，徐宏伟. Altium Designer 原理图与 PCB 设计[M]. 4 版. 北京：电子工业出版社，2019.

[3] 周润景，刘波. Altium Designer 电路设计 20 例详解[M]. 北京：北京航空航天大学出版社，2017.

[4] 黄杰勇，林超文. Altium Designer 实战攻略与高速 PCB 设计[M]. 北京：电子工业出版社，2015.

[5] 康华光，陈大钦. 电子技术基础 模拟部分[M]. 6 版. 北京：高等教育出版社，2013.